云南省普通高等学校"十二五"规划教材

21世纪高等学校计算机规划教材
21st Century University Planned Textbooks of Computer Science

大学计算机基础实践教程（第2版）

The Practice for Fundamentals of Computers

普运伟 主编

耿植林 副主编

秦卫平 主审

U0271560

高校系列

人民邮电出版社

北 京

图书在版编目（CIP）数据

大学计算机基础实践教程 / 普运伟主编. -- 2版
-- 北京：人民邮电出版社，2014.9（2015.8重印）
21世纪高等学校计算机规划教材
ISBN 978-7-115-36180-6

Ⅰ. ①大… Ⅱ. ①普… Ⅲ. ①电子计算机－高等学校
－教材 Ⅳ. ①TP3

中国版本图书馆CIP数据核字(2014)第153774号

内 容 提 要

　　本书是云南省普通高校"十二五"规划教材《大学计算机基础（第2版）》的配套上机实验和测试教材，是根据教育部高等学校计算机基础课程教学指导委员会颁布的《计算机基础课程教学基本要求》中有关"大学计算机基础"实践教学要求编写而成的。

　　本书力求通过贴近实际的引导式上机实验、富有趣味的任务式测试和设计，着力提高学生分析、解决实际问题的能力以及计算机综合应用能力，进而培养学生的计算思维和创造精神。全书共分三部分：第一部分为上机实验，包括19个不同应用领域的典型实验，供实践教学环节选用；第二部分为操作测试，包括13个任务驱动式技能测试，用于课后练习，巩固所学知识及技能；第三部分为综合设计，包括设计要求、设计实例和参考题目，供期末课程综合设计选用。

　　本书可作为普通高等院校非计算机专业"大学计算机基础上机实践"课程的教材，也可供计算机爱好者自学使用。

- ◆ 主　　编　普运伟
　　副 主 编　耿植林
　　主　　审　秦卫平
　　责任编辑　张孟玮
　　执行编辑　税梦玲
　　责任印制　彭志环　杨林杰
- ◆ 人民邮电出版社出版发行　　北京市丰台区成寿寺路 11 号
　　邮编　100164　电子邮件　315@ptpress.com.cn
　　网址　http://www.ptpress.com.cn
　　北京圣夫亚美印刷有限公司印刷
- ◆ 开本：787×1092　1/16
　　印张：12　　　　　　　　　　2014 年 9 月第 2 版
　　字数：311 千字　　　　　　　2015 年 8 月北京第 2 次印刷

定价：27.00 元

读者服务热线：**(010)81055256**　印装质量热线：**(010)81055316**
反盗版热线：**(010)81055315**

第2版前言

本书是与耿植林、普运伟编写的云南省普通高等学校"十二五"规划教材《大学计算机基础（第2版）》配套的实践教程，用于大学计算机基础课程的实践教学环节、课后技能测试和期末综合设计。

自2012年8月本书第1版出版至今，计算机与信息技术保持着迅猛的发展势头，高等院校教学改革的目标更加明确。以计算思维能力培养为核心的计算机基础教学改革得到了教育部、业内专家以及各高等院校的广泛关注。作为大学计算机基础实践教学改革的新尝试，也作为计算思维能力培养方法和途径的新探索，本书第1版所倡导的"引导式上机实践"和"任务式技能测试"教学模式得到了较多师生的赞同和认可。为了适应技术发展和教学改革进一步深入的需要，我们决定对原书进行修订。

现就修订的情况做如下说明。

（1）进一步完善"引导式上机实践"和"任务式技能测试"教学模式。作为计算思维能力培养"落地"的一种可能途径，"引导式上机实践"和"任务式技能测试"有利于提高学生分析和解决实际问题的能力，启发学生思考和总结。为此，本书对各实验和测试题目进行了适当调整和改进，对部分实验进行了重新设计。

（2）全面升级到 Windows 7 和 Office 2010。对第1版中涉及的 Windows XP 和 Office 2003 的实验内容和测试内容进行了重新编写，以体现新技术的发展。

（3）在保持体系结构不变的前提下，更正了第1版中出现的一些错误和疏漏，以便教师和学生更好地使用本书。

本书的修订再版工作一如既往得到了人民邮电出版社，昆明理工大学教务处、昆明理工大学计算中心领导和同仁的大力关心和支持。在此一并表示感谢！

限于编者水平，书中难免有不足之处，敬请各位读者批评指正。

编　者
2014年6月

前 言

　　"大学计算机基础"是各高等学校计算机基础教学中的第一门重要的必修课程，肩负着提高大学生信息素养的重任。这里所指的信息素养，既包括和信息技术尤其是计算机技术相关的基本概念和知识，也包括使用计算机完成各种信息处理任务的基本操作技能和能力，还包括使用计算机分析、解决各种生产生活实际问题的意识、方法和思维习惯。

　　信息素养的培养，既离不开理论教学的启迪和熏陶，也离不开实践教学的感知和训练。尤其对于计算机基本操作技能的训练和综合应用计算机解决实际问题能力的培养，在很大程度上依赖于上机实践。所谓"实践出真知"，在信息社会向知识型社会发展和转变的过程中，学生计算思维能力的养成和提高，也需要在实践中不断感悟！但很长一段时期内，大学计算机基础课程的实践教学主要围绕软件基本操作和使用方法来展开，学生面对的是大量被切割分离的知识和技能点，面对的是众多枯燥乏味、不切实际的验证型或所谓提高型（实为技巧型）实验，这对创新型人才的培养是非常不利的。如何加强实验教学改革方面的探索，提高学生的学习兴趣和求知精神，从而从根本上提高实验教学的质量已成为计算机基础教学不可回避的问题。

　　本书是云南省普通高等学校"十二五"规划教材《大学计算机基础》的配套用书，也是大学计算机基础实验教学改革的尝试和探索。全书倡导"引导式上机实践"和"任务式技能测试"的教学模式，力求通过贴近生活实际的上机实验和富有趣味的任务测试，旨在从根本上提高学生应用计算机解决实际问题的能力，进而培养学生的计算思维和创新精神。

　　全书共分三个部分。第一部分为上机实验，主要用于实践教学环节，包括19个不同应用领域且贴近生活实际的实验，每个实验包含实验目的、实验内容与要求、实验关键知识点、实验操作引导和实验拓展与思考等几部分，力求通过"引导式上机实践"提高学生应用计算机的能力，并培养学生良好的计算思维习惯；第二部分为操作测试，包括13个任务驱动式的技能测试，每个测试由测试目的、测试任务与要求、测试关键知识点、测试步骤小结等几部分组成，力求通过"任务式技能测试"帮助学生巩固所学知识和操作技能，该部分一般可作为课后练习和作业使用；第三部分为综合设计，包括设计要求、设计实例和参考题目，供期末课程综合设计选用。

　　本书第一部分的实验1、3、4由耿植林编写，实验2由普运伟编写，实验5、6、7、8、9由楼静编写，实验10、11由潘晟旻编写，实验12、13由秦卫平编写，实验14、15、16由杜文方编写，实验17、18、19由付湘琼编写；第二部分的测试1、2由耿植林编写，测试3、4、5由楼静编写，测试6、7由潘晟旻编写，测试8、9由秦卫平编写，测试10、11由杜文方编写，测试12、13由付湘琼编写；第三部分由普运伟编写。全书由普运伟任主编并负责统稿，耿植林任副主编，秦卫平主审。

本书的编写得到了云南省高校教材研究会、昆明理工大学教务处的大力支持。在昆明理工大学计算中心领导和同仁的关心和帮助下，本书得以顺利出版。在此一并表示衷心感谢！

由于大学计算机基础实践教学改革正处于不断探索和发展的阶段，鉴于作者的水平有限，书中难免有不足之处，恳请读者批评指正！

编　者

2012 年 4 月

目 录

第一部分　上机实验

第二部分　操作测试

第三部分　综合设计

第一部分
上机实验

　　"大学计算机基础"是一门实践性很强的课程，计算机知识的掌握、概念的理解、能力的提高、思维的形成很大程度上均依赖于学生的上机实践。本部分围绕配套教材各章所涉及的教学内容，精选了19个贴近生活和学习实际的上机实验，并采用"引导式上机实践"教学模式组织每一个实验，从根本上提高学生应用计算机解决实际问题的能力，进而培养学生的计算思维和创新精神。

实验 1
信息的表示与获取

一、实验目的

（1）熟悉网络教学平台的使用方法。
（2）认识中英文文本编码、数值编码、指令编码，以及常见的音乐、图片、视频和动画编码。
（3）掌握电子邮件、FTP 等相关软件的基本操作。
（4）掌握百度、谷歌等搜索引擎的基本使用方法。

二、实验内容与要求

1. 熟悉网络教学平台的使用方法

使用谷歌浏览器登录"昆明理工大学网络教学平台"：http:wljx.kmust.edu.cn。按照教师给定的登录用户名、登录密码、选课密码登录到"大学计算机基础"课程，如图 1-1-1 所示。

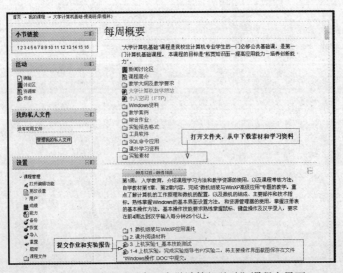

图 1-1-1 网络教学平台"大学计算机基础"课程主界面

单击"实验素材",在打开的窗口中可以选择下载每个实验所需要的基本素材。通过左上角的"小节链接"可以选择教学周次。本课程按 16 周安排教学和实验,每周都有相应的教学要求和实验结果文件提交、单元测验、课外阅读资料等。熟练掌握实验结果文件提交(上传)、成绩查看、参与讨论和发帖、课件、课外阅读材料下载等方法。

2. 认识数值编码和指令编码

(1)从网络教学平台上"实验素材"的"实验 1"中下载 C1.C、C1.OBJ、NUM.DAT 三个文件,将其保存到 D 盘根目录下。其中,C1.C 为 C 语言源程序,它依次将两个整数 100、−1 和三个浮点数 123.456、−1.3、−0.25 以二进制编码格式写入到文件 NUM.DAT 中。在 WIN-TC 中编译 C1.C 之后生成的目标程序(指令代码)为 C1.OBJ。通过查看 NUM.DAT 文件,可以了解整数的补码表示和浮点数的移码(阶数)、原码(尾数)表示方法。这几个文件之间的关系如图 1-1-2 所示。

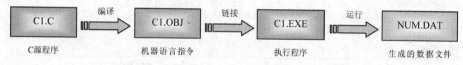

图 1-1-2 程序指令文件及数据文件之间的关系

(2)从网络教学平台的"工具软件"中下载并启动 WinHex 程序,分别打开文件 C1.OBJ、NUM.DAT,如图 1-1-3 所示。查看这两个文件的内容(十六进制显示的机器指令和数值数据)。

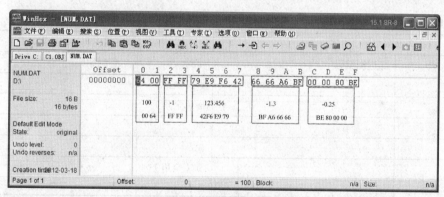

图 1-1-3 整数及浮点数的编码

(3)对照图 1-1-3,完成表 1-1-1 的填写。认识 2 字节整数的补码以及 4 字节浮点数的移码、原码编码方法。

表 1-1-1 数值数据编码

2 字节整数(16 位)		4 字节浮点数(32 位):符号第 31 位、阶码第 30-23 位、尾数第 22-0 位			
十进制数	二进制补码	十进制数	符号	阶码(二进制移码)	尾数(二进制原码)
100		123.456			
−1		-1.3			
256		-0.25			
−127		10.5			

3. 认识文本字符的 ASCII 码、汉字机内码、UTF-8 编码

（1）从"实验素材"的"实验1"中下载"字符编码 ANSI.txt"文件。

（2）启动 Windows 7 系统中的"记事本"程序，打开该文件。其内容为数字、英文字母（含大小写）、全角数字、全角英文字母（含大小写）、汉字"啊"等字符。启动 WinHex，打开文件"字符编码 ANSI.txt"，查看这些字符的十六进制编码，如图 1-1-4 所示。

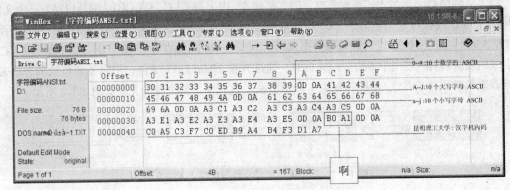

图 1-1-4　字符编码

（3）对照图 1-1-4，完成表 1-1-2 的填写。

表 1-1-2　　　　　　　　　　　　　　ASCII 码和国标汉字机内码

ASCII 码（1 字节）		汉字机内码（2 字节）	
字符	二进制编码	字符	二进制编码
0		A（全角）	
A		a（全角）	
a		啊	
换行		昆	
回车		9（全角）	
		"	

（4）在"记事本"程序中将文件"字符编码 ANSI.txt"以 UTF-8 格式另存为"字符编码 UTF8.txt"。用 WinHex 程序打开该文件，查看其字符的 UTF-8 编码。与"字符编码 ANSI.txt"文件对照，变化为：＿＿＿＿＿＿＿＿＿＿＿＿＿＿＿＿＿＿＿＿＿＿＿。

4. 了解位图文件、音乐文件和视频文件的二进制编码形式

（1）使用"画图"程序创建一个 16×1 像素的图像，依次用红、绿、蓝、白、黑这 5 种颜色分别绘制 3 个点，最后用黄色绘制 1 个点，形成一个 16 个点构成的彩色横线图像，以 BMP 文件格式进行保存，文件名为"位图 24.bmp"（也可以直接从网络教学平台上"实验素材"中下载）。使用 WinHex 查看"位图 24.bmp"的内容。可见，位图的十六进制编码：红色是＿＿＿＿＿、绿色是＿＿＿＿＿、蓝色是＿＿＿＿＿、白色是＿＿＿＿＿、黑色是＿＿＿＿＿、黄色是＿＿＿＿＿。

（2）将该位图文件分别再用 JPEG 格式和 GIF 格式保存。用 WinHex 程序查看并比较这些格式的图像文件，观察其文件头部说明内容有什么变化，颜色编码是否仍然相同。

（3）从"实验素材"的"实验 1"中下载音乐文件、视频文件，并用 WinHex 程序查看文件内容和文件的头部格式信息，了解各种类型文件的编码信息。

5. 申请免费邮箱并完成邮件的收发和群发

在网络上申请免费邮箱，比如 www.yeah.net、www.126.com 等，通过自己申请的邮箱给好友发送一封问候邮件。使用群发功能，同时给 5 位同学发送国庆节祝福的邮件。

6. 使用百度、谷歌等搜索引擎查询并整理资料

分别使用百度（www.baidu.com）和谷歌（www.google.com.hk）搜索以下专题资料，并将你认为重要的内容复制到 Word 文档中保存起来。将收集的资料文件上传到本课程网络教学平台第 1 周的实验结果提交中。

（1）冯·诺依曼。

（2）图灵简介、图灵测试。

（3）计算机发展史。

三、实验关键知识点

（1）在 Windows 7 中启动应用程序，可以通过"开始"按钮的"所有程序"下拉列表逐层查找到所需要的程序启动菜单项，单击即可启动程序。对于经常用到的程序，可以在桌面上创建相应的快捷方式，方法是按上述方法找到程序菜单项后右键单击→"发送到"→"桌面快捷方式"。双击快捷方式图标即可启动应用程序；也可将应用程序菜单项拖曳到任务栏上锁定，成为任务栏上的程序按钮，单击该按钮即可启动程序。

（2）任何一个存储在计算机中的文件都是由"0"和"1"组成的二进制编码序列。WinHex 可以按十六进制形式显示这些文件的内容。1 位十六进制数能够表示 4 位二进制数，每个字节对应 2 位十六进制数。对于 1 个数据的编码，不同类型的数据占用的字节数不一样。例如，ASCII 码字符占用 1 字节、国标汉字机内码占用 2 字节、整数占用 2 字节或 4 字节、浮点数占用 4 字节或 8 字节、RGB 颜色一个像素占用 3 字节。对于字符等非数值数据，按照字节编码顺序存放。例如，汉字"啊"的机内码显示顺序是 B0 A1，编码为 B0A1H，即 10110000 10100000。对于占用多个字节的数值数据，存储方式是低位在前，高位在后。也就是说，在 Intel 系列计算机内存中存储数据以字节为单位，按照高字节存入高端地址，低字节存入低端地址的方式保存数据。因此，4 字节的浮点数编码顺序需要将显示的 4 个字节反过来书写编码。例如，-0.25 的编码显示为 00 00 80 BE，编码应为 BE 80 00 00，即二进制编码为：10111110100000000000000000000000。

（3）UTF-8 格式编码对于英文 ASCII 字符其编码不变，仍然占用 1 字节；对于国标汉字机内码则采用全新的编码，以 3 个字节编码。

（4）除了纯文本文件外，其他类型的文件一般都有若干字节的文件头部说明信息，不同类型的文件，其头部说明信息并不相同。文件头部说明信息被破坏后，文件常常无法正常打开。

四、实验操作引导

1. 网络教学平台资源

网络教学平台上的学习资源（课件、课外阅读材料、实验素材等）都以文件形式保存在服务器上，让所有网络用户共享。建议浏览这些文件时先下载到本机，再从本机上打开浏览。对于需要编辑修改的作业、实验素材、实验报告等文件，必须下载到本机进行编辑，编辑完成后再上传到网络教学平台，切勿直接在网络教学平台上编辑修改。下载文件时，只需单击该文件的链接即可。

上传文件，只需单击提交作业的链接，再单击"上传文件"按钮，打开上传文件对话框，如图 1-1-5 左图所示。单击"添加"按钮，打开"文件选择器"，如图 1-1-5 右图所示。单击"选择文件"按钮，找到需要提交的作业文件，再单击"上传此文件"按钮，返回图 1-1-5 左图所示界面，最后一定要按"保存更改"按钮，才能完成作业提交，否则上述操作无效。

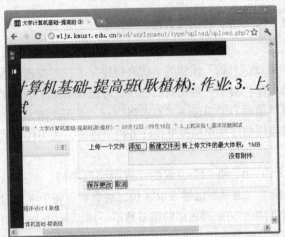 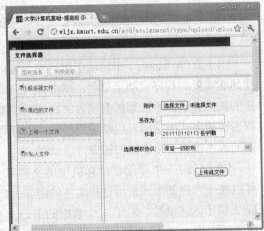

图 1-1-5　提交作业（上传文件）

2. WinHex 介绍及基本操作

WinHex 是德国 X-Ways 公司开发的一款磁盘编辑工具软件。它能够查看或编辑软盘、硬盘、U 盘、CD-ROM、DVD 等多种介质存储的数据以及内存、虚拟内存中存储的数据，支持 FAT12、FAT16、FAT32 和 NTFS 等多种格式的文件系统。同时，该软件还可用来查看其他程序中隐藏起来的文件和数据。计算机专业人士通常借助该软件来检查和修复各种文件、恢复被删除文件、修复硬盘损坏造成的数据丢失、跟踪查找程序密码等。

WinHex 软件的主界面如图 1-1-6 所示，分为上、下两部分，上部显示磁盘目录文件信息，双击可打开该文件夹或文件；下部分为左、右两个窗格，左窗格显示有关磁盘或文件（夹）的信息，右窗格以字节为单位显示各字节的地址和内容，可以选择只显示十六进制数值、文本，或二者皆显示。

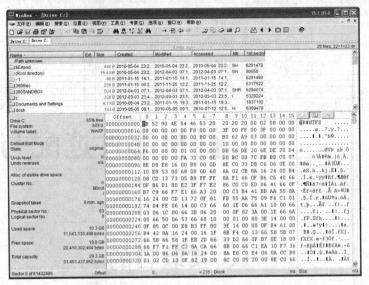

图 1-1-6　WinHex 软件的主界面

（1）打开文件："文件"→"打开"→找到需要打开的文件→"打开"。

（2）打开磁盘："工具"→"打开磁盘"→选择磁盘驱动器→"OK"。

（3）查找数据："搜索"→选择需要查找的数据类型（文本、Hex 值、整型、浮点型等）→输入数值→"OK"。

（4）编辑数据：在数据显示区域直接单击该字节的十六进制数值，输入新的数值即可。使用"计算器"工具可以帮助实现各种数制之间的转换。注意不要修改磁盘引导记录、文件目录表等系统敏感数据，以免导致系统崩溃。用户文件中的数据修改后，单击"保存"按钮将修改该文件数据。

五、实验拓展与思考

（1）网络教学平台中默认设置的是 UTF-8 字符编码。如果提交的作业是用"记事本"编写的一篇包含中英文字符的普通文本文件（ANSI 编码格式），那么，在网络教学平台上直接阅读该文件，会出现什么状况？需要如何解决？

（2）如何查看你的姓名的汉字机内编码？

（3）用 Word 新建一个空文档（不输入任何字符），保存该文档后，用 WinHex 查看其内容，了解文件长度，猜测文件头部说明信息。修改部分文件头部说明信息后保存该文件，再用 Word 打开该文件。

（4）如何实现一篇文档中英文、中文简体、中文繁体等多种编码格式的字符混合排版？

实验2
微机部件选配与组装

一、实验目的

（1）掌握计算机的各组成部件名称及其作用，熟悉查看硬件信息的常见方法，能对计算机硬件的性能有一个基本的认识。

（2）掌握计算机各组成部件的功能和特点，了解部件选配所需的相关注意事项，能通过互联网搜索为自己选配一台合适的计算机。

（3）了解和熟悉计算机各组成部件的正确连接方法，以及计算机组装的一般步骤。

二、实验内容与要求

（1）查看实验所用计算机各主要硬件的相关信息，参照参考样例，将实验计算机的相关信息填入表 1-2-1。

表 1-2-1　　　　　　　　　　　查看实验所用计算机的信息

查看项目	参考计算机	实验计算机
计算机制造商	Lenovo	
计算机型号	2518AD8	
处理器类型	Intel Core i5 M450	
处理器主频	2.4GHz	
处理器核心数	2 个	
处理器工艺	32nm	
L1 大小	数据：2×32KB　指令：2×32KB	
L2 大小	2×256KB	
L3 大小	3MB	
内存容量	2.00GB	
内存类型	DDR3	
显示适配器	NVIDIA NVS 3100M	

续表

查看项目	参考计算机	实验计算机
硬盘制造商	HITACHI（日立）	
硬盘容量	320GB	
硬盘分区信息	C，D，E，F	
操作系统	Windows 7 家庭普通版	

（2）通过互联网查询和比较，为自己选配一台合适的计算机，并将配置清单填入表 1-2-2。要求：具体写清楚每个配件的生产厂商、型号、价格和选用依据，并围绕计算机的主要用途和资金预算情况等，简要说明配机理由。

表 1-2-2　　　　　　　　　　　　　　计算机配置清单

设备	生产厂商	型号	价格	选用依据
中央处理器				
主板				
内存				
硬盘				
显示适配器				
显示器				
光驱				
音箱				
鼠标				
键盘				
机箱				
电源				
配机理由				

（3）从教学平台"实验素材"的"实验 2"中下载学习资料"一步一步学电脑装机"，认真学习计算机组装的一般步骤和方法。然后，结合实验所用计算机，观察各部件是如何插接在主板插槽中或固定在机箱上的，并观察电源线连接（CPU 风扇电源线、主板电源线、硬盘电源线、光驱电源线）以及数据线连接（硬盘数据线、光驱数据线、外设连接线）等情况，之后完成表 1-2-3 的填写。

表 1-2-3　　　　　　　微机组装的主要步骤、操作过程和注意事项

主要步骤	操作过程
1. CPU 及风扇的安装	
2. 内存条的安装	

续表

主要步骤	操作过程
3. 主板的安装	
4. 电源的安装	
5. 硬盘和光驱的安装	
6. 各种板卡的安装	
7. 主板控制线的连接	
8. 各种外设的连接	
装机过程中的主要注意事项	

三、实验关键知识点

（1）查看计算机硬件的相关信息有助于了解和掌握计算机硬件系统的组成及其作用，并可以对计算机的整体性能有一个清晰的认识。

简单地讲，计算机按性能强弱一般可划分为入门配置型、主流配置型和豪华配置型 3 种。不同配置的计算机适合于不同的应用。决定计算机性能档次的关键因素主要是 CPU、内存、硬盘、显卡等关键部件的性能。

通常，查看计算机硬件相关信息可采用系统自带的工具软件或者第三方专用软件，如设备管理器、CPU-Z、鲁大师、Hard Drive Inspector 等。

（2）计算机部件选配是一个系统工程，要求对组成计算机的各种硬件设备的性能及其特点有一定的认识，同时要熟悉众多的计算机术语，并对市场的发展和变化趋势有一定了解。

一般来说，计算机选配应以选购用途和资金预算为依据，遵循实用、够用的原则，切忌为了奢华而浪费，也要避免为了省钱而购买性能无法满足需求的低配置计算机。计算机选配过程中，要特别注意几大关键部件是否满足性能要求，其兼容性如何，同时也不可忽视机箱、电源等低价格设备的稳定性。

部件选配一般可先通过网络进行信息查询和比较，然后到当地计算机卖场进行实地考察，以形成最终的配置清单。

（3）计算机组装并没有统一的步骤和方法，但都包括 CPU 及风扇的安装、内存条的安装、主板和电源的安装、硬盘和光驱的安装、各种板卡的安装，以及各种电源线和数据线的连接等主要环节。在组装过程中，操作者一定要细心和耐心，想清楚以后再动手，有不明白的地方可仔细研读相关硬件的说明书。同时，部件安装过程中一定要注意静电防护等问题，各种线缆切记不可插错。具体可参阅配套教材 2.8.1 小节的相关内容。

四、实验操作引导

（1）查看计算机硬件信息的方法通常有两种：一是采用系统自带的工具软件，二是采用第三方专用软件，如 CPU-Z 等。

① 通过"控制面板"→"系统"命令（或右键单击"计算机"，选择"属性"命令），可打开如图 1-2-1 所示的系统属性窗口，从中可查看 Windows 版本、处理器类型和内存容量等系统摘要信息；通过左侧的"设备管理器"选项还可启动图 1-2-2 所示的设备管理器窗口，进一步查看计算机上安装的各种硬件信息。

图 1-2-1　系统属性窗口

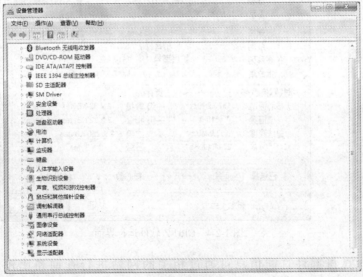

图 1-2-2　设备管理器窗口

② 通过"开始"→"所有程序"→"附件"→"系统工具"→"系统信息"命令，可打开如图 1-2-3 所示的系统信息窗口，可查看系统摘要、硬件资源、组件和软件环境等信息。具体可包括 CPU 型号及其性能、内存容量信息、各种硬件设备型号及其性能、操作系统情况、

系统启动的程序和服务等。

图 1-2-3　系统信息窗口

③ 通过第三方专用软件 CPU-Z，可得到处理器、缓存、主板、内存 SPD、显卡等计算机关键部件的详细信息，如图 1-2-4 所示。

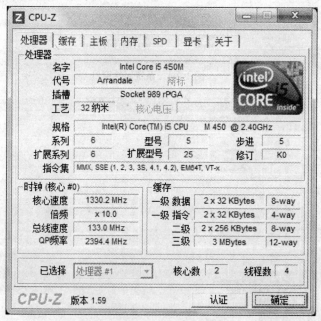

图 1-2-4　CPU-Z 软件运行界面

（2）计算机部件选配信息可通过相关的网站进行查询和比较，如中关村在线（http://www.zol.com.cn）、太平洋电脑网（http://www.pconline.com.cn）、电脑之家（http://www.pchome.net）、天极网（http://www.yesky.com）等。

通过这些网站，用户不仅可以查询到几乎所有计算机硬件的具体型号、性能参数、图片、价格和特点等，还可以阅读大量相关硬件的评测文章加深对该硬件的了解和认识。同时，网站上一般还会给出一些热门配置清单和装机方案，方便用户装机时选用和参考。

（3）　首先认真研读学习资料"一步一步学电脑装机"和配套教材 2.8.1 小节中的相关内容。然后结合表 1-2-2 的配置清单和表 1-2-3 的装机步骤，重点考虑以下方面：

- CPU 的接口形式；
- CPU 风扇扣具的扣紧方法；
- 内存条插入方向及内存插槽如何锁住内存条；
- 主板固定在机箱托板上的位置和方法；
- 电源在机箱中的安装位置；
- 硬盘和光驱的跳线设置、固定方法及其数据线和电源线连接；
- PCI、PCI-E、AGP 等插槽对应不同板卡及将其固定在机箱上的方法；
- 主板电源线（多为 ATX 电源）连接；
- 机箱至主板的控制线和指示灯的对应连接；
- 主板外部接口和外部设备的对应连接。

五、实验拓展与思考

（1）从鲁大师官方网站（http://www.ludashi.com）下载鲁大师软件并安装，通过该软件检测和查看实验所用计算机的各种信息，并总结该软件的优缺点。

（2）依照表 1-2-2 的计算机配置清单，试比较北京、深圳、成都和当地的价格差异，并说明导致这种价格差异的主要原因。

（3）通过互联网，调查 Intel 公司和 AMD 公司针对个人计算机的主流 CPU 型号及其接口类型，并阐述 CPU 的发展历程及其原因。

实验 3
Windows 7 系统设置

一、实验目的

（1）认识 Windows 7 系统构成，了解 Windows 7 的主要功能。

（2）掌握定制任务栏的方法以及桌面的个性化设置方法。

（3）掌握区域和语言、鼠标、键盘、日期时间等设置方法。

（4）掌握计算机管理工具和记事本、计算器等工具软件的使用方法。

二、实验内容与要求

1. 查看 Windows 7 系统文件

使用"计算机"或"资源管理器"查看 Windows 7 系统属性和系统文件夹，完成表 1-3-1 的填写。

表 1-3-1　　　　　　　　　Windows 7 系统部分属性和系统文件夹

查看项目	内　容
Windows 7 版本	
计算机名	
工作组名	
系统文件主目录	
用户配置信息文件夹	
应用程序默认安装路径	
"资源管理器"路径和文件名	
MS-DOS 命令行的路径和文件名	
"回收站"文件夹名	
虚拟内存换页文件名及路径	

2. 定制个性化桌面

（1）清理桌面上的图标。将桌面上不常用的快捷方式图标全部移动到一个新建的临时文件夹中；隐藏其他系统图标，使桌面仅显示"计算机""网络"和"临时文件夹"这 3 个图标，更改这 3 个图标，并以"大图标"方式显示。

（2）在桌面上创建 Photoshop 程序以及 Flash 程序的快捷方式图标，并移动到屏幕右上角。

（3）从网络上选择下载自己喜欢的 Windows 7 主题，并将其设置为系统的主题。

（4）将手机拍摄的照片设置为桌面墙纸。将自己的"大头贴"照片设置为用户图标，替代 Windows 7 系统默认图标。保存主题并发送给朋友共享。

3. 定制任务栏和"开始"菜单

（1）锁定任务栏在屏幕底部，使任务栏无法移动和改变大小。设置任务栏按钮为"始终合并，隐藏标签"，减少按钮占用的任务栏空间。

（2）打开 2 篇 Word 文档，设置窗口排列方式为"并排显示窗口"，便于校对文档。

（3）设置通知区域，让后台运行的程序（例如 QQ 程序、淘宝商城等）图标始终显示，并且收到信息后立即通知。

（4）设置"开始"菜单项，将常用的应用程序（例如，资源管理器、谷歌浏览器、QQ 等）快捷方式设置为任务栏图标，并按照使用频率调整这些图标的顺序；将任务栏中不常用的程序图标解锁，从任务栏中清除。

（5）将常用程序（例如，Word、Excel、VC++6.0）放置到"开始"菜单的常用程序列表位置。

4. 设置系统日期和时间格式

（1）设置 Windows 的日期、时间、货币格式为中文习惯的格式，排序方式按笔画排序。在桌面上显示农历日历（小工具软件）。

（2）设置系统日期和时间，并始终与网络时钟同步更新；在任务栏上附加 1 个显示伦敦时间的时钟。

5. Windows 7 组件和应用程序管理

（1）添加/删除 Windows 7 的组件和应用程序。删除 Windows 附件子组件游戏中的"扫雷"；删除经常不用的应用程序，例如某游戏程序、皮皮播放器等。

（2）使用"任务管理器"打开和关闭应用程序。将"记事本"程序添加到任务中，其文件路径为 C:\windows\system32\notepad.exe（相当于打开记事本程序）；结束打开的"画图"程序任务（相当于关闭应用程序）；结束进程中的"notepad.exe"，相当于强行终止"记事本"程序，对于死锁的程序可以通过结束进程的方式强行终止程序运行。

（3）删除（更改）扩展名关联的应用程序。将 C 程序（扩展名为.C）关联到记事本程序中，使 JPG 图片默认用 Photoshop 打开。

（4）从网上下载一种毛笔字体，安装到 Windows 7 系统中。

6. 使用附件中的工具软件

（1）使用计算器。将 87.625 分别转换成二进制数、八进制数、十六进制数；计算二进制数

10101 加 1011001 的和。

（2）设置辅助工具放大镜的跟踪方式为"跟随文字编辑"，外观反色，放大倍数为3倍。

三、实验关键知识点

（1）计算机系统设置主要包括桌面及窗口外观设置、应用程序设置、系统及硬件设置等几个方面，尽管内容繁杂，但通过归纳和整理，就可以总览全局，把握操作要领。Windows 7 系统设置的内容如图 1-3-1 所示。

桌面及窗口外观设置
- 桌面图标设置：图标隐藏、显示、排列、更改、创建和删除快捷图标
- 任务栏设置：开始菜单、程序按钮、通知区域、时钟、窗口排列设置
- 显示属性设置：显示器分辨率、颜色、窗口外观和配色方案、桌面墙纸和屏保、桌面主题和风格等
- 区域和语言设置：数字、货币、日期、时间的格式以及排序方法
- 日期时间设置：时区、日期、时间的修改以及与 Internet 时间同步

应用程序设置
- 文件夹选项设置：系统文件、隐藏文件、扩展名、路径等的显示和隐藏
- Internet 选项设置：网络安全设置、隐私以及临时文件设置等
- 字体设置：查看字库、添加和删除字体
- Windows 7 防火墙设置：启用或关闭防火墙
- Windows 7 组件和应用程序设置：组件和应用程序的添加与删除
- 回收站、剪贴板设置：回收站空间和文件删除方式设置、剪贴板使用

系统及硬件设置
- 鼠标键盘设置：鼠标左右键以及指针的设置、键盘延迟和重复率设置
- 声音及打印机设置：声音设备的选择、打印机安装等
- 网络连接设置：建立网络连接、设置 IP 地址、启动或关闭网络连接等
- 用户账户设置：账户建立、授权、修改、删除
- 硬件连接设备管理：设备的添加、删除、驱动程序更新、工作组管理等

图 1-3-1 Windows 7 系统设置

（2）桌面是 Windows 7 的主要操作界面，是典型的图形用户界面。对整个桌面上的任意位置、图标等右键单击都会弹出相关联的快捷菜单，这些快捷菜单的内容因关联的图标、对象不同而有所区别。因此，任何时候都可以通过右击相关图标和操作区域获得的快捷菜单作为操作的提示和引导。

（3）快捷菜单中一般都会有"属性"选项，用它通常能打开相应的对话框来完成相关的设置。例如，右键单击"计算机"→"属性"，将打开"系统属性"对话框，可以查看计算机系统的状况，并进行相应设置。右键单击"网络"→"属性"，将打开"网络和共享中心"面板，可以查看网络连接状况并进行联网设置。右键单击任务栏上任意空白位置→"属性"，将打开"任务栏和「开始」菜单属性"对话框，可以进行相关设置。

（4）启动应用程序的常用方法有 3 种：双击桌面上的程序快捷方式；单击"开始"菜单中的程序快捷方式；单击任务栏上的程序按钮。三种方法中任务栏按钮操作最为简便，可以将最常用的程序锁定到任务栏上成为程序按钮。

（5）在"开始"菜单的左侧从上到下分为 3 个部分，依次是常用程序列表、用户最近使用的程序列表和"所有程序"选项。其中，常用程序列表中的选项由用户添加或删除，可以将常用的办公软件、网络工具软件、媒体播放软件等添加到其中。用户最近使用的程序列表选项由 Windows 7 系统根据程序的使用频率自动更改，默认数量为 10 项。"所有程序"选项将列出系统中安装的全部应用程序和系统自带的工具软件。

四、实验操作引导

1. 使用 Windows 7 窗口

Windows 7 窗口通常包含：浏览导航按钮、地址栏、搜索框、智能菜单、导航窗格、文件窗格、预览窗格、细节窗格等，如图 1-3-2 所示。

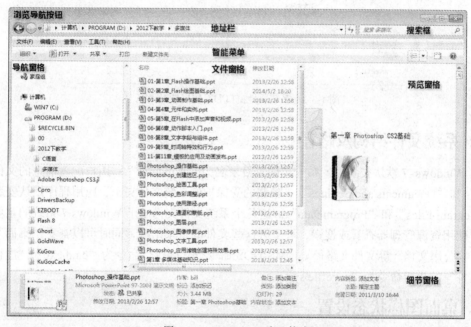

图 1-3-2　Windows 7 窗口构成

在窗口中每进行一项新的操作都会添加一条导航记录，使用浏览导航按钮可以随时切换到曾经访问过的位置。地址栏用于切换当前浏览路径。搜索框用于对当前路径文件夹及其子文件夹中的内容进行快速搜索，可实现按文件名、文件内容、文件其他详细信息等属性的动态模糊搜索。智能菜单会根据选择的文件夹或文件动态产生相应的菜单项。例如，选择一个 Word 文件时，相关联的"Word 程序""打印"就会在菜单中自动显示出来。导航窗格从上到下划分出不同类别（收藏夹、库、家庭组、计算机、网络），可以快捷地在不同的位置之间进行切换。文件窗格显示要浏览的文件名称等项目，预览窗格将文件窗格中选中的文件内容以缩略图的方式进行显示，细节窗格则用于显示、修改更详细的属性信息。

2. 查看计算机名、工作组名、系统硬件设置

右键单击"计算机"→"属性"，在打开的"系统属性"窗口中将显示系统相关信息。单击其中的"更改设置"将打开"系统属性"对话框，单击"计算机名"→"更改"，可查看和更改计算机名、工作组名；右键单击"设备管理器"→单击相应的设备名称，可以查看硬件设备及相关属性，如图1-3-3所示。

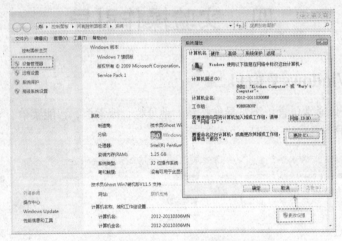

图1-3-3 系统属性窗口和系统属性对话框

3. 系统文件结构及路径

在 Windows 7 默认安装时，系统文件主目录名为"Windows"；用户配置信息的文件夹为"用户"和"Documents and Settings"（隐藏的受保护的系统文件夹）；应用程序默认安装目录为"Program Files"和"ProgramData"。这几个系统文件夹构成了 Windows 7 系统的主要文件结构。使用资源管理器查看或搜索，可了解这些文件的目录结构，同时可以查看"桌面""回收站""公用文档"等文件夹路径。"MS-DOS 命令行"的执行命令为"cmd.exe""虚拟内存换页文件"的执行命令为"pagefile.sys"。

4. 桌面图标状态设置

右键单击桌面空白处→"查看"，在快捷菜单中可设置图标大小、排列顺序等。

右键单击桌面空白处→"排列方式"，可设置自动排列图标的方式。

右键单击桌面空白处→"个性化"，在面板中可设置主题、墙纸（桌面背景）、屏幕保护程序等，如图1-3-4所示。若下载的主题文件扩展名为.theme，可先保存到C:\Windows\Resources\Themes文件夹中，再进行设置；若主题文件为.EXE 文件，双击便可以自行引导安装。右键单击自定义的主题后，在快捷菜单中可选择"保存主题"或"保存主题用于共享"。

右键单击桌面空白处→"个性化"→"更改桌面图标"，在打开的"桌面图标设置"对话框中可隐藏或显示列出的 5 种系统图标，如图 1-3-4 所示。单击"更改图标"按钮可修改它们默认的图标。

右键单击桌面空白处→"个性化"→"更改账户图片"，单击"浏览更多图片…"按钮后，可选择自己的大头贴照片（图片调整为 128×128 像素大小的位图文件或 JPG 文件）作为账户图

片。系统默认的账户图片保存在"C:\ProgramData\Microsoft\User Account Pictures\Default Pictures ProgramData"文件夹中。

图 1-3-4　"个性化"窗口

5. 任务栏状态设置

右键单击任务栏空白处，在弹出的快捷菜单中可设置"锁定任务栏""并排显示窗口"等。

右键单击任务栏空白处→"属性"→"任务栏"，可设置任务栏外观和通知区域。右键单击任务栏空白处→"属性"→"开始菜单"→"自定义"，可设置"开始"菜单。如图 1-3-5 右图所示。

单击"开始"→"所有程序"，从列表中找到应用程序的菜单项后右键单击，在快捷菜单中选择"锁定到任务栏"，在任务栏上将产生该程序按钮；选择"附到开始菜单"，该程序将被添加到"开始"菜单的常用程序列表中；选择"发送到"→"桌面快捷方式"，将在桌面产生该程序的快捷方式。如图 1-3-5 左图所示。

可以使用"开始"菜单底部的搜索框搜索系统中的程序文件。输入文件名时，一边输入系统就会同时匹配文件名，并动态显示搜索结果。系统支持部分文件名搜索，例如，输入"*.exe"将搜索出本地磁盘中的所有可执行文件。

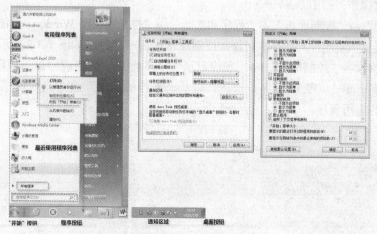

图 1-3-5　任务栏设置

6. 区域和语言设置、日期和时间设置

单击"开始"→"控制面板"→"区域和语言"→"其他设置"，在相应的选项卡中设置日期、时间、货币、排序等，下拉列表中有的选项或符号可以直接输入进行设置。这些设置将影响 Windows 中安装的应用程序，例如 Excel 中的数据格式。在控制面板中选择"鼠标""键盘""字体"等则可以完成对键盘、鼠标、字体、输入法的设置，如图 1-3-6 所示。

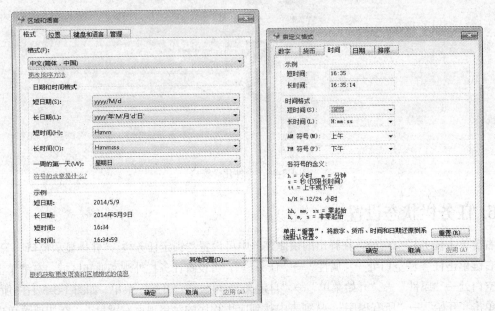

图 1-3-6　区域和语言设置

右键单击任务栏上的"时间"图标→"调整日期/时间"，在日期时间对话框中可以完成附加时钟、更改日期时间、与 Internet 时间同步等设置。

7. 组件和应用程序管理

单击"开始"→"控制面板"→"程序和功能"，在列表中选中已安装的应用程序，可进行卸载、更改、修复操作，如图 1-3-7 所示。

单击"开始"→"控制面板"→"程序和功能"→"打开或关闭 Windows 功能"→选择相应组件后按照向导完成对组件的操作，可添加或删除 Windows 组件，如图 1-3-7 所示。

单击"开始"→"控制面板"→"程序默认"→"将文件类型或协议与程序关联"，在列表中选择扩展名，单击"更改程序"按钮，可从"推荐的程序"或"其他程序"列表中选择该扩展名关联的应用程序。

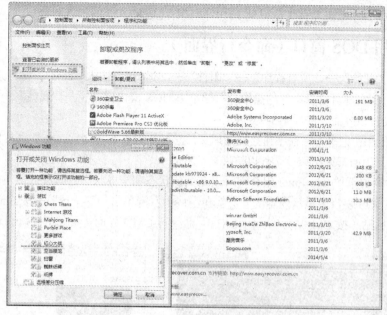

图 1-3-7　组件管理

8. 使用"任务管理器"进行应用程序的打开、关闭和强行终止

右键单击任务栏空白处→"启动任务管理器"→"应用程序"→"新任务",在"打开"文本框中输入应用程序路径,可以打开应用程序。输入"cmd"命令可以打开"DOS 提示符操作界面"(命令行界面)。在"进程"选项卡中选择应用程序的进程,单击"结束进程"可以终止(关闭)应用程序,如图 1-3-8 所示。

图 1-3-8　任务管理器

9. 使用计算器

Windows 7 附件中的计算器有标准型、科学型、程序员、统计信息等多种功能类型。要将十进制小数转换成二进制小数,需要先扩大 2^i,使其成为整数,用计算器的"程序员"界面将整数转换成二进制后,再将小数点左移 i 位即可。例如:$87.625×2^3=701$,将 701 用计算器转换成二进

制数 1010111101，小数点左移 3 位得到 1010111.101 就是 87.625 的二进制数。

10. 使用 DOS 窗口（命令行界面）

（1）单击"开始"→"所有程序"→"附件"→"运行"，输入"cmd"，将打开命令行界面。可输入 DOS 命令实现对磁盘文件的操作。右键单击 DOS 窗口标题栏→"属性"→选择"字体""颜色"等可设置该界面，如图 1-3-9 所示。

（2）可以使用"记事本"程序建立批处理文件。打开记事本程序后，逐条输入 DOS 命令，每条命令占一行，用回车键结束。文件以扩展名".bat"保存（注意不是 TXT 文件）。

（3）DOS 窗口下按 Alt+Enter 组合键可以在默认状态和全屏状态之间进行切换。

（4）复制 DOS 窗口中显示内容的方法：在窗口中右键单击→"全选"→按 Enter 键→在"记事本"程序中粘贴（按 Ctrl+V）。执行"EXIT"命令行 CMD 界面（关闭 DOS 窗口）。

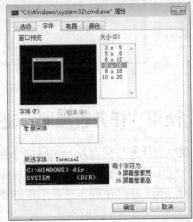

图 1-3-9　DOS 窗口及其属性设置

在 Windows 系统文件夹下的 system32 子文件夹中，有许多可执行文件（扩展名为.exe）都可以作为 DOS 命令执行。命令参数可以通过在命令名后加空格和"/?"显示出来。例如，要查看 DIR 命令的参数，可以输入："DIR /?"

五、实验拓展与思考

（1）在 Windows 7 系统目录（默认安装位置为 C:\windows）下查找扩展名为.exe 的文件，然后在 DOS 窗口中查看常见 DOS 命令的功能和常用参数。

（2）Windows 7 的系统配置和设置信息都保存在注册表中。注册表文件一旦被破坏，将造成系统运行异常，甚至系统崩溃。从网络中查询有关 Windows 7 注册表维护、修改、备份和恢复的方法，并尝试维护注册表。

实验 4
Windows 7 文件操作

一、实验目的

（1）熟练掌握"计算机""资源管理器"的操作方法。
（2）掌握文件夹和文件的查看、管理和搜索方法。
（3）掌握磁盘管理方法和文件压缩、备份方法。

二、实验内容与要求

1. 设置文件夹选项

（1）更改文件夹选项设置，用资源管理器查看 Windows 7 系统文件、隐藏文件、C 盘根目录以及文本文件和 Word 文档的扩展名，了解常用文件扩展名。

（2）设置"在不同窗口中打开不同文件夹"，用"资源管理器"分别打开 2 个不同的文件夹，观察任务栏上资源管理器按钮的变化，将光标停留在该按钮上，将显示出这 2 个文件夹窗口的缩略图。在任务栏上设置"并排显示窗口"和"堆叠显示窗口"，观察桌面上窗口的变化情况。

（3）熟悉"计算机"窗口和"资源管理器"窗口。掌握窗口中导航按钮、地址栏、搜索框、导航窗格、文件窗格、库窗格、预览窗格、细节窗格的使用。

（4）使用"导航按钮"切换路径，使用地址栏中的地址按钮查看不同路径下的文件，在地址栏空白处单击，查看文件夹的完整路径，并将路径复制到新建的"记事本"文件中。

2. 文件及文件夹操作

（1）通常需要对磁盘中的大量文件进行归类管理。在 D 盘中建立图 1-4-1 所示的文件夹，从网络教学平台下载部分课件、图片、案例等保存到各类文件夹中。将建立的"学习资料"文件夹设置为"家庭组"只读共享，并将该文件夹映射为网络驱动器 Z。

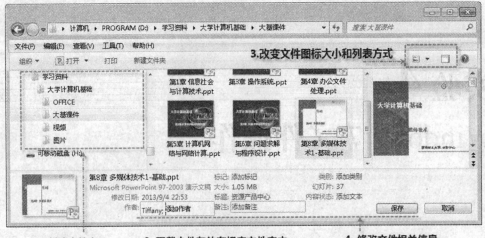

图 1-4-1 创建文件及文件夹

（2）用系统中安装的压缩工具（例如 WinRAR）压缩"学习资料"文件夹，将压缩文件上传到网络教学平台"我的私人文件"中。将 U 盘全部文件复制到 D 盘某新建的隐藏文件夹中，文件夹命名为 UDiskBK，并将该文件夹下所有文件加密。

3. 搜索文件和文件夹

（1）搜索本地磁盘中分散存放的某类文件。从本地磁盘搜索最近 1 周修改过的 Word 文档（扩展名为.docx）和 PPT 演示文稿（扩展名为.pptx）且长度不超过 2MB 的文件，选择感兴趣的文件复制到自己创建的分类文件夹中。从自己的存储设备（U 盘、手机）中搜索照片和音乐文件（如果 U 盘没有类似文件，可从网络下载），选择感兴趣的文件移动到自己创建的分类文件夹中。

（2）从本地磁盘中筛选出文件名或文件内容含有"Windows"的文本文件和 Word 文档，并保存搜索结果，将其命名为"WIN 资料"。

4. 使用库

（1）创建库，并将其命名为"私人文件"，将实验内容 2 中建立的"大基课件"文件夹和"OFFICE"文件夹添加到该库中，打开并浏览该库中的文件。

（2）将"私人文件"库复制到 U 盘中。

5. 磁盘管理

（1）查看本地磁盘状况，修改 C 盘的卷标为"SYSTEM"、D 盘的卷标为"DATA"，并根据查看到的磁盘信息，完成表 1-4-1 的填写。

表 1-4-1　　　　　　　　　　　　　本机磁盘状态

磁盘卷	文件系统	容量	空闲空间

（2）磁盘清理，并删除 Internet 临时文件以及 Windows 系统中的临时文件；扫描磁盘，并自动修复文件系统错误，恢复被损坏的扇区；对 D 盘进行"磁盘碎片整理"。

（3）在 D 盘中创建 1 个容量为 1GB 的虚拟磁盘，复制几个文件到该虚拟磁盘中，使用"BitLocker"对虚拟磁盘进行加密。

三、实验关键知识点

（1）通常使用 Windows 资源管理器来操作文件（夹）。主要的操作有：创建、打开、关闭、移动、复制、删除、更名、属性、共享、搜索。对于 Windows 系统文件、系统注册的已知文件扩展名、用户设置为隐藏的只读文件等，在文件夹选项中可以进行设置，对它们进行隐藏和保护，以避免误操作带来的风险。

（2）文件更名时，若要修改"已知文件扩展名"，例如将".txt"文件更名为"doc"文件，则需要在文件夹选项中取消"隐藏已知文件扩展名"的设置，将扩展名显示出来才能进行更名，完成更名后图标会由🗎变为🗎。

计算机中的任何信息（程序、数据、文档资料等）都是以文件形式保存在磁盘中。不同类型的文件使用不同的扩展名来标识，一般不要随意更改文件扩展名，否则有可能造成文件无法打开。注意识别常见的文件扩展名，并通过扩展名搜索某类文件。文件夹是一种特殊的文件，其内容保存的是该文件夹中创建的文件目录表（文件控制块）。

（3）文件夹中可以创建文件，也可以创建子文件夹。磁盘中通过构造分层文件夹结构来管理文件。同一个文件夹中不能有同名（包括扩展名）文件（夹），但不同的文件夹中可使用相同的文件名。因此，对文件进行操作时，通常需要知道文件所在路径、文件名、扩展名。在资源管理器中的"地址"栏中可以显示出选中的文件的完整路径。

（4）对多个文件（夹）操作时，需要同时选中它们。单击只能选中一个文件（夹），按住 Ctrl 键单击，可以逐个添加选中多个文件（夹），选取连续的多个文件（夹）时，按住 Shift 键单击第一个和最后一个文件（夹）可以同时选中这些文件（夹）。

复制文件（夹）操作方法：选中文件夹→按 Ctrl+C→到目标文件夹中按 Ctrl+V

移动文件（夹）操作方法：选中文件夹→按 Ctrl+X→到目标文件夹中按 Ctrl+V

直接删除文件（夹）操作方法：选中文件夹→按 Shift+Delete→"是（Y）"

（5）对分散在多个文件夹甚至多个磁盘中的文件，可以使用"库"进行统一管理。库是虚拟文件夹，仅仅是实际文件夹的视图，将实际文件夹添加到库中，相当于通过这个视图可以统揽其中的文件夹，便于快速定位这些文件，并提供便捷的操作。

（6）在资源管理器中可以使用搜索框模糊查找具有某些共同特征的文件。例如，使用通配符"*、？"匹配文件名、文件内容，按某段时间创建的文件、文件作者、文件长度等属性进行搜索。可将搜索结果保存起来。对文件窗格中显示的文件列表使用排序、分组等操作能够方便查看和比较这些文件。

（7）磁盘的管理主要包括磁盘分区、磁盘格式化、磁盘清理、磁盘数据压缩、设置密码、文件备份和恢复等。在读写文件时突然掉电或系统崩溃，有可能造成磁盘扇区损坏；磁盘上进行了大量的文件复制、删除等操作后，容易造成磁盘文件碎片，影响系统运行速度。

四、实验操作引导

1. 文件夹选项设置

文件夹选项中有几个主要的设置会影响"计算机"和"资源管理器"中对文件（夹）的操作。打开文件夹选项设置窗口的主要方法有：

右键单击"开始"→"资源管理器"→"工具"→"文件夹选项"→"查看"；

单击"开始"→"控制面板"→"文件夹选项"→"查看"。

主要的设置可在"查看"选项卡中完成。对已注册的文件扩展名关联应用程序的修改，通过单击"开始"→"控制面板"→"默认程序"→"将文件类型或协议与程序关联"→"更改程序"中完成，如图1-4-2所示。

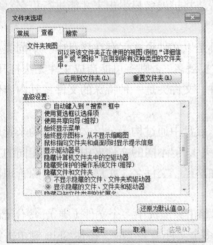

图 1-4-2　文件夹选项对话框

2. 文件和文件夹的操作

（1）通常使用资源管理器来对文件（夹）进行操作。打开资源管理器的方法有很多，常用的有：单击任务栏上的"资源管理器"图标；右键单击"开始"→"打开 Windows 资源管理器"；双击桌面上的"计算机"图标，在"导航窗格"中单击"库"；单击"开始"，在搜索框中输入"explorer.exe"后回车。

（2）在桌面上创建文件夹：右键单击桌面空白处→"新建"→"文件夹"。在桌面上创建文本文件：右键单击桌面空白处→"新建"→"文本文档"。创建 Word 文档、Excel 表格、PowerPoint 演示文稿的方法与此类似。

（3）复制和移动文件（夹）：同一磁盘上拖动文件（夹），实现的是移动操作，按住 Ctrl 键后拖动文件才能实现复制操作；不同磁盘上拖动文件（夹），实现的是复制操作。文件（夹）的复制和移动操作通常使用快捷键来完成更加简洁准确，方法是：选择文件（夹）→Ctrl+C(复制)或 Ctrl+X（剪切）→选择目标位置→Ctrl+V（粘贴）。

（4）选中文件（夹）后右键单击，在弹出的快捷菜单中可实现对文件（夹）的基本操作。选择"发送到"→"桌面快捷方式"可在桌面上创建其快捷方式图标；选择"包含到库中"可以将文件夹包含到指定的库中；选择"共享和安全"，可设置文件（夹）在网络上共享；选择"添加到压缩文件…"可以将文件（夹）压缩成一个压缩文件；选择"属性"→"常规"，可设置其"只读""隐藏"等属性；选择"属性"→"自定义"→"更改图标"，可修改其默认的图标。

3. 搜索文件

任何数据都是以文件形式保存在外存设备上的。使用计算机的过程中，多数情况下都是在与各种不同类型的文件打交道。硬盘、U盘等存储设备的容量越来越大，保存的文件数量也越来越多。Windows 7提供的对文件（夹）的搜索、排序、分组和筛选方法，便于用户快速定位文件方法。在搜索框中输入搜索关键字时，一边输入系统就会同时动态对文件名、文件内容、文件标记、附加到该文件的其他属性等进行匹配，将符合条件的文件搜索出来。例如，输入了关键字"Flash"，则当前文件夹及其子文件夹中凡是文件名、文件内容、文件属性等含有"Flash"的文件统统都被筛选出来。

（1）使用"开始"菜单底部的搜索框。当不知道文件在哪个文件夹中，需要从本地所有磁盘搜索，例如查找应用程序，查找浏览器历史记录中的网站或存储在个人文件夹中任意位置的文件时，可以使用"开始"菜单底部的搜索框。

（2）使用资源管理器中的搜索框。可以帮助在指定的磁盘或文件夹中搜索满足条件的文件。

（3）搜索关键字可以限定文件属性。指定要搜索的文件属性可以有选择性地进行搜索，例如，"名称：学习资料"仅搜索文件名含有"学习资料"的文件（夹）；"修改日期：2014/09/20"搜索2014年9月20日修改过的文件；"标记：Sunset"搜索文件标记为"Sunset"的文件；"日期：>2014/01/01"搜索2014年以来开始创建的文件；"大小：<4 MB"搜索文件大小不超过4MB的文件。

此外，在搜索关键字中还可以组合使用比较运算符和逻辑运算符：>、>=、<、<=、AND、OR、NOT、" "、()等。这些符号必须用英文下的符号，字母必须是大写。例如：

"昆明理工大学 AND 计算中心"为含有"昆明理工大学"和"计算中心"这些文字的文件；"作者：Charlie AND Herb"查找作者为 Charlie 并且文件名或任意文件属性中包含 Herb 的所有文件。"作者：（Charlie OR Herb）" 查找作者为 Charlie 或者 Herb 的文件。"作者：" Charlie Herb " " 查找作者名为 Charlie Herb 的文件。

（4）当搜索的结果含有大量文件时，在资源管理器的文件框中右键单击，在弹出的快捷菜单中可以选择查看、排序方式、分组依据等对文件进行排列或分组，还可以保存搜索结果（保存在收藏夹中），以便下次浏览。

4. 使用库

资源管理器的导航窗格中通常会显示"收藏夹""库""家庭组""计算机""网络"这几个项目。单击"库"图标左边的三角形按钮，可以折叠或展开库。在导航窗格中右键单击"库"图标→"新建"→"库"将创建1个库，默认库名为"新建库"。如图1-4-3所示。

在导航窗格中单击各库，将打开库，文件窗格中将显示该库包含的文件夹。要将某文件夹包含到库中，只需要右键单击该文件夹→"包含到库中"→库列表中选择库名。

在导航窗格中选中库后右键单击，在快捷菜单中选择"复制"，然后右键单击目标位置（文件夹或 U 盘）选择"粘贴"，就可以将库中所有文件夹及其文件全部复制到目标位置。同一个文件夹可以包含在不同的库中，同一个库中可以包含不同磁盘中的多个文件夹。对库的复制是将库中各个文件夹复制到目标位置；而删除库仅仅是删除该虚拟文件夹，并不会删除库中包含的文件夹。

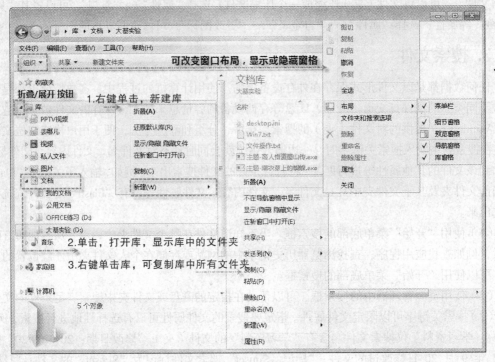

图 1-4-3　库操作

5. 磁盘管理

双击桌面上的"计算机"图标，在窗口中选中磁盘图标右键单击，选择快捷菜单可完成对磁盘的盘符更名、磁盘格式化、磁盘共享、磁盘加密等操作；右键单击磁盘图标选择"属性"→"工具"，选择"立即进行碎片整理"，可以整理磁盘文件碎片，优化磁盘性能。

单击"开始"，在搜索框中输入"compmgmt.msc"回车，或者单击"开始"→"管理工具"→"计算机管理"，单击"磁盘管理"，窗口中可看到当前硬盘的分区情况和磁盘状态，如图 1-4-4 所示。右键单击磁盘图标，在快捷菜单中可以选择相应操作。

使用磁盘管理工具可以将某个文件夹设置为虚拟磁盘，从而当做 1 个独立的 U 盘一样看待。如图 1-4-4 右侧菜单所示，选择"创建 VHD"，按向导提示选择文件夹（位置），设定虚拟硬盘容量，单击确定之后，系统会生成 1 个新的没有初始化的磁盘。在磁盘管理窗口中间下部的设备列表中右键单击该磁盘图标→"初始化磁盘"→设置"MBR（主启动记录）"→"确定"，完成磁盘初始化。此时的磁盘仍显示为"未分配"，还需要分卷格式化才能正常使用。右键单击磁盘图标右侧的属性框→"新建简单卷"，按向导默认设置执行即可完成虚拟磁盘的创建。之后，打开"计算机"窗口，硬盘列表中会增加 1 个新的磁盘。

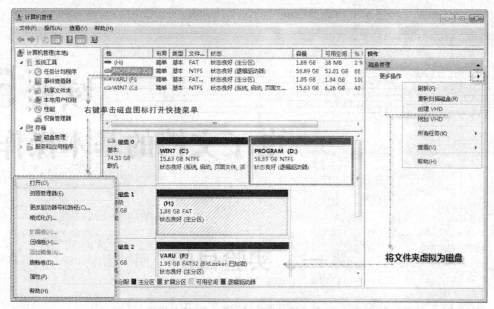

图 1-4-4　计算机管理

6. 压缩分区增加磁盘空间

如果某个磁盘分区空间紧张，而该分区中的数据并不是经常读取，则可将该分区进行压缩以"增加"可使用的空间。由于压缩分区必须在 NTFS 磁盘格式下进行，所以对于采用 FAT32 磁盘格式的分区，可先在命令行提示符窗口中，执行"Convert 盘符 /FS:NTFS"命令，将该分区转换为 NTFS 磁盘格式。之后，右键单击要压缩的磁盘分区，选择"属性"命令。在打开窗口中选择"常规"选项卡，勾选"压缩驱动器以节约磁盘空间"选项。在关闭窗口后，系统就将进行磁盘压缩操作，完成时便会发现该分区的剩余空间增加了。

五、实验拓展与思考

（1）安装 Windows 7 系统时，需要对物理磁盘进行分区，将一个容量很大的物理硬盘划分成多个分区，其中仅有 1 个分区是活动分区，其对应的逻辑盘用来安装 Windows 7 系统文件。另外的 1 个分区可以作为扩展分区，再划分为多个逻辑磁盘。扩展分区中的逻辑盘容量可以重新划分吗？如何重新分区？

（2）文件操作最核心的任务是如何快捷找到分散在计算机中的各种文件，并能确保文件的安全。Windows 7 中的搜索框、收藏夹、库、文件夹之间有什么联系？它们在快速定位文件时起到什么作用？通常，需要对重要文件进行备份、加密，Windows 7 提供了哪些安全措施来保障提供文件共享时文件的安全？

实验 5
电子文档的基本操作

一、实验目的

（1）掌握电子文档的创建，文本的输入和编辑修改等基本操作。

（2）掌握电子文档中页眉和页脚、页码、符号、图片、艺术字、文本框等对象的插入和编辑修改操作，以及文本的查找和替换操作。

（3）掌握字符格式化、段落格式化和页面格式化操作。

（4）掌握项目符号和编号、首字下沉、分栏、分隔符、边框和底纹、更改大小写等美化文档的操作，掌握图文混排的一般原则和方法。

二、实验内容与要求

1. 实验内容

按图 1-5-1 所示的实验结果参考样例，建立一个 Word 文档，并对文档进行文本输入、对象插入、格式化、美化、排版等操作，制作出格式符合要求、效果美观的文档。

2. 实验要求

（1）新建一个 Word 文档，自己输入或从网上下载一篇超过 1000 字的文章，每个学生的文档内容不能相同，否则无成绩。

（2）在文档中插入的图片、艺术字、页眉和页脚等对象应与文章内容有关。

（3）可根据自己的创意和整体设计来设置页面格式、段落格式和字符格式。

（4）可根据自己的创意和整体设计来美化文档，即进行

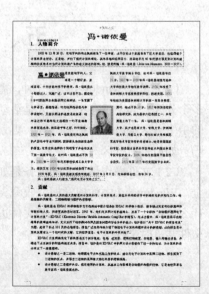

图 1-5-1　Word 文档排版参考样例

首字下沉、分栏、更改大小写等操作，以及对段落加边框和底纹、项目符号和编号等。

（5）使用查找和替换功能，快速地对英文字母、字符、数字、一组字或词等进行替换或快速格式化。

（6）可根据自己的创意和整体设计来进行图文混排。

（7）在排版好的文档页面中尽可能多地展现对电子文档进行处理的知识和效果。

三、实验关键知识点

（1）Word 文档中除包含文本对象外，还常常包含图片、图形、艺术字、文本框等非文本对象。为使排版后的页面更加美观和合理，需要对非文本对象的大小、位置、线条颜色、填充、文字环绕等选项进行适当的设置。

右键单击非文本对象（如文本框），在弹出的快捷菜单中选择"其他布局选项"命令，可打开如图 1-5-2 所示的"布局"对话框，在该对话框中能对该对象的位置、文字环绕和大小进行设置；若选择"设置形状格式"命令，可打开如图 1-5-3 所示的"设置形状格式"对话框，在该对话框中能设置对象的填充、线条颜色、线型、文本框等。文字环绕是指非文本对象被文字对象环绕的方式。填充设置中的透明度调节条用于调节被文本框遮住部分内容的可见程度。

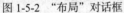

图 1-5-2　"布局"对话框

图 1-5-3　"设置形状格式"对话框

（2）在 Word 文档处理中，经常使用查找和替换功能来提高编辑修改和格式化的效率。例如参考样例中，将文档第二段中的所有数字加上阴影、红色和突出显示，就可利用"查找和替换"对话框中的替换功能来一次完成。

① 选择要进行查找和替换处理的段落，选择"开始"选项卡，在"编辑"选项组中单击"替换"命令按钮，打开"查找和替换"对话框。

② 在"查找和替换"对话框中，将光标置于"查找内容"框中，单击"特殊字符"按钮，在弹出的菜单中选择"任意数字"便可在查找内容框中输入"^#"，表示要查找所有数字文本。

③ 将光标置于"替换为"框中，单击"格式"按钮，在弹出的对话框中选择"字体"选项来添加阴影和红色格式；选择"突出显示"选项来添加突出显示格式。

④ 单击"全部替换"按钮进行替换。之后，若不再对其他段落中的数字进行替换操作，在弹

出的对话框中单击"否"按钮。

使用"格式"按钮可以设置的格式有字体、段落、样式、突出显示等；使用"特殊字符"按钮可以替换的特殊字符有段落标记、任意字符、任意数字、任意字母、域、图形等；使用"不限定格式"按钮可去掉"查找内容"框和"替换为"框中内容上的格式。

（3）Word中提供了许多字符格式化的快捷键操作，表1-5-1所示为一些常用的字符格式化快捷键。

表1-5-1　　　　　　　　　　　常用的字符格式化快捷键

快捷键	功能	快捷键	功能
Ctrl+B	加粗	Ctrl+[	逐渐放大文字
Ctrl+I	倾斜	Ctrl+]	逐渐缩小文字
Ctrl+U	下划线	Shift+Ctrl+>	10磅级增大字号
Ctrl+=	下标	Shift+Ctrl+<	10磅级缩小字号
Ctrl+Shift+=	上标	Shift+F3	在全部字母大写、小写及首字母大写间转换

（4）在Word中，可以为文档中的文本、图形、图片、文本框等对象添加超链接。超链接的目标可以是文档中的标题、表格、另外的Word文档、网页、邮件地址、应用程序等。

先选中要添加超链接的对象，再选择"插入"选项卡，在"链接"选项组中单击"超链接"命令按钮，打开"插入超链接"对话框，在该对话框中添加超链接。

四、实验操作引导

（1）新建一个空白的Word文档，输入或下载1000多字的文本，插入与文本内容有关的图片、图形、艺术字等对象，并将文本和各种对象修改正确。

（2）使用"页面布局"选项卡中"页面设置"选项组里的命令按钮，设置成纸张为A4，方向为纵向，上、下页边距为60磅，左、右页边距为70磅。

（3）使用"插入"选项卡中"页眉和页脚"选项组里的命令按钮，插入页眉、页脚和页码。页眉、页脚的内容、字体和格式自定，页码的位置和格式自定。

（4）使用"开始"选项卡里"编辑"选项组里的"替换"命令按钮，对文档中的文本或特殊字符进行替换，替换的内容和格式可自定。

（5）使用"开始"选项卡中"字体"选项组和"段落"选项组里的命令按钮，对文档进行段落格式化和字符格式化。如设置文本字符的字体、字号、字形、效果、颜色、下划线、着重号、字符间距、文字效果等；设置段落的段前和段后间距、左右缩进、首行缩进、行距和对齐方式等，具体内容和格式自定。

（6）文章标题用艺术字表现，艺术字的形状、格式、字库及环绕方式等可自定。

（7）使用"开始"选项卡中"字体"选项组里的中文版式命令按钮，对文字加上拼音指南和圈，文字内容自定。

（8）使用"页面布局"选项卡中"页面背景"选项组里的命令按钮，给段落、文本或页面加上边框、底纹、颜色和水印，具体内容和格式自定。

（9）使用"开始"选项卡里"段落"选项组里的"项目符号"和"编号"命令按钮，为段落加上项目符号或编号，具体内容和格式自定。

（10）使用"插入"选项卡里"文本"选项组里的"首字下沉"命令按钮，设置首字下沉或悬挂，内容和格式自定。

（11）使用"页面布局"选项卡中"页面设置"选项组里的"分栏"命令按钮，对段落进行分栏排版，分栏的段落、栏数、间距和分隔线的设置可自定。

（12）在文档中使用文本框来合理排放文本或图片，内容和格式自定。

（13）选择图片，使用"图片工具"调整图片的颜色、对比度和亮度、大小及样式。

（14）进行图文混排，使文本、图片等对象在页面中摆放合理、布局恰当、重点突出。

（15）取一个适当的文件名，保存 Word 文档。

五、实验拓展与思考

在我国，很多政府机关和企事业单位都在使用 WPS Office 办公软件。请使用"WPS 文字"来完成本实验，并思考以下问题。

（1）在能熟练使用"Word"文字处理软件的基础上是否也能使用"WPS"文字处理软件？试比较和总结两种软件在功能和操作上的优缺点。

（2）Word 提供的模板种类少不能满足需要，WPS 提供的在线模板种类丰富，请试用一下并列出 5 种以上的在线模板种类。

实验 6
表格、图形及公式的制作

一、实验目的

（1）掌握公式的输入方法及公式编辑器的使用方法。
（2）掌握图形的绘制及编辑方法。
（3）掌握表格的建立、输入、编辑修改及格式化方法。
（4）能熟练使用"绘图工具"和"表格工具"。

二、实验内容与要求

1. 输入和编辑公式

使用"插入"选项卡中"符号"选项组里的"公式"命令按钮，插入一个与下面公式复杂程度类似的数学公式，每个学生的公式不能完全相同，否则无成绩。

$$p = \sqrt{\frac{x-y}{x+y}} + \left(\int_{\frac{\pi}{4}}^{\frac{3}{4}\pi} (1 + \sin^2 x)\, dx + \cos 30^\circ \right) \times \sum_{i=1}^{100} (x_i + y_i)$$

2. 绘制和编辑图形

使用"插入"选项卡中"插图"选项组里的"形状"命令按钮，可绘制线条、矩形、基本形状、箭头总汇、公式形状、流程图、星与旗帜和标注等 8 类图形。图 1-6-1 所示的建筑工程施工进度计划网络图，是用直线、圆、矩形、箭头等形状绘制出的矢量图。配套教材《大学计算机基础（第 2 版）》4.4.1 小节中图 4-7 中所示的流程图，也是用"形状"命令按钮中的形状绘制出的矢量图。可使用"绘图工具"编辑修改图形。

可自定要制作的矢量图的类型，如组织结构图、简单的电路图、简单的网络图或流程图等，只要是用 Word 的图形功能可以制作的图都可以，但每个学生的图不能完全相同，制作出的图也不能太简单。

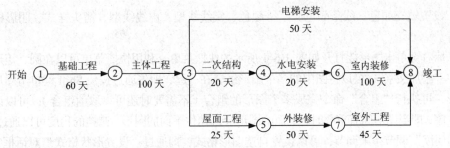

图 1-6-1 建筑工程施工进度计划网络图

3. 插入和编辑表格

使用"插入"选项卡中"表格"选项组里的"表格"命令按钮,绘制如图 1-6-2 所示的运送爆炸物品申请表。使用"表格工具"可以编辑修改表格。

可自己设计要制作的表格,如学生成绩表、个人简历表、课程表等,但每个学生的表格和内容不能完全相同,制作出的表格也不能太简单。

单位名称				单位地址			
许可证号		电话号码		合同编号		购买证号	
供货渠道							
运输物品名称	运输数量	启运地点	到达地点	押运负责人	承运单位	运输工具	运输证号
基层保卫组织意见	负责人签名					年 月 日	
单位负责人意见	职务		签名			年 月 日 (公章)	
公安机关意见							
注明	此表可发至使用单位的保卫组织,由申请运输单位填写,公安机关凭此表核发《爆炸物品运输证》						

图 1-6-2 运送爆炸物品申请表

三、实验关键知识点

(1)可使用"插入"选项卡中"符号"选项组里的"公式"命令按钮插入公式;也可以单击"文本"选项组中的"对象"命令按钮,在展开的下拉选项中选择"对象"选项,在打开的"对象"对话框中选择"Microsoft 公式 3.0"选项打开公式编辑器,如图 1-6-3 所示,然后在公式编辑器窗口的公式输入框中输入和编辑公式。

在"对象"命令按钮展开的下拉选项中若选择"文件中的文字"选项,可在当前文档中插入其他文档中的内容,若插入前选择了文本框,将在文本框中插入文档内容。

(2)使用"插入"选项卡中的"形状"命令按钮,可以插入线条、矩形、基本形状、箭头汇总、公式形状、流程图、星与旗帜和标注等多种矢量图形。可以为已绘制好的图形添加文字、超链接等，设置填充颜色、线条颜色、字符颜色、实线线型、虚线线型、箭头样式、阴影样式、三维样式等。

用鼠标右键单击图形能打开如图 1-6-4 所示的快捷菜单。利用快捷菜单可以在圆、矩形、标注等图形中"添加文字"；可以将图中的多个图形组合在一起，即先通过按住 Shift 键单击图形来选择多个图形，再执行"组合"命令完成多个图形的组合（不需要时还可以取消组合）；可以设置图形的叠放次序，即当图形间有重叠时，上面的图形会遮挡住下面的图形，遮挡的程度可以通过"填充"中的"透明度"调节条来调节；可以设置自选图形格式，即通过"设置形状格式"对话框完成。

单击图形将其选中，使用如图 1-6-5 所示的"绘图工具"下的"格式"选项卡中的命令按钮，可对图形进行大小、排列、形状样式等相应处理。

图形是指由外部轮廓线条构成的矢量图，如直线、圆、矩形、曲线等。图形是用一组指令集合来描述的，如描述构成该图的各种图元的位置、形状等。矢量图可任意缩放不会失真。图形要使用专门软件将描述图形的指令转换成屏幕上的形状和颜色。

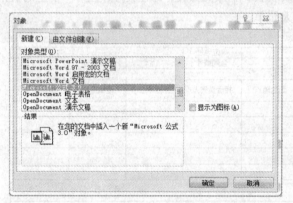

图 1-6-3　"对象"对话框　　　　　　　　　　图 1-6-4　图形处理的快捷菜单

图 1-6-5　绘图工具

（3）使用"插入"选项卡中的"表格"命令按钮，可快速建立一个有规律的表格。在实际应用中表格常常是自由表格。要将一个有规律的表格编辑修改成自由表格，可使用"表格工具"下的"布局"和"设计"选项卡中的命令来完成，如图 1-6-6 所示。

图 1-6-6　"设计"选项卡

单击"设计"选项卡中"绘图边框"选项组右下角的"对话框启动器"，打开"边框和底纹"对话框。在该对话框中可以对表格设置线型、线宽、线的颜色、表格的填充色以及所加边框线的方式等。

单击"布局"选项卡中"表"选项组里的"属性"命令按钮，打开"表格属性"对话框，如图 1-6-7 所示。在该对话框中可以对表格、行、列、单元格的属性进行设置，如设置表格的对齐方式、文字环绕方式，行的高度和列的宽度等。

当需要将列的宽度调整到适合单元格内容的大小时，可以将鼠标指向单元格的右边框线上，当鼠标指针变成"←‖→"形状时双击，就能快速完成调整。

若要对图 1-6-8（a）学生成绩表中的数据进行统计计算，可用"公式"命令来完成。先将光标定位在要进行计算的单元格中，如图 1-6-8（b）表中第 5 列的第 4 个格子，再单击"布局"选项卡里"数据"选项组里的"公式"命令按钮，打开"公式"对话框，如图 1-6-8（b）所示。在"公式"对话框的公式框中

图 1-6-7 "表格属性"对话框

输入公式"=AVERAGE（left）"或"=（b4+c4+d4）/3"，并单击"确定"按钮，就能立即计算出吴筱燕同学的平均分为 77.67。公式中的"left"参数表示求平均值的数据是公式所在单元格左边的所有数值型数据。

在"公式"对话框中还可以设置公式计算结果的数字格式，选择需要的统计函数。"粘贴函数"列表框中可供选择的常用统计函数有 SUM（）、AVERAGE（）、MAX（）、MIN（）、COUNT（）、IF（）、INT（）等。若在图 1-6-8（b）表中第 5 行的第 2 个格子中输入公式"=MAX（ABOVE）"，可计算出外语成绩的最高分。公式中的"ABOVE"参数表示求最大值的数据是公式所在单元格上面的所有数值型数据。

姓名	外语	数学	物理	平均分
王强	70	86	82	79.33
李欣	87	78	73	79.33
吴筱燕	80	85	68	77.67
最高分	87	86	82	

（a）学生成绩表　　　　　　（b）"公式"对话框

图 1-6-8 表格的统计示例

若要对图 1-6-8（a）所示表格中的数据按平均分进行排序，可单击"布局"选项卡中"数据"选项组里的"排序"命令按钮，打开"排序"对话框。在该对话框中设置关键字及排序方式等可快速完成排序。

Word 表格中用公式进行统计计算和对数据进行排序的概念及方法与 Excel 类似，但没有自动填充和自动重算等功能，不如 Excel 方便和效率高。等学完 Excel 后，请自己在 Word 表格中练习公式计算和数据排序，并比较两者的不同及优劣。

四、实验操作引导

（1）将插入点定位到需要插入公式处，选择"插入"选项卡，在"符号"选项组中单击"公式"命令按钮，在展开的下拉列表中选择"内置"中的公式或"office.com 中的其他公式"可直接插入已有的公式；选择"插入新公式"选项时会自动插入"在此处插入公式"的输入框，可在此框中输入公式，如图 1-6-9 所示。

在插入新公式或单击已有公式对其进行编辑修改时，系统会自动切换到"公式工具"下的"设计"选项卡，如图 1-6-9 所示。"设计"选项卡中包含结构、符号和工具 3 个选项组。使用"结构"选项组中的命令按钮可输入分式、根式、积分、函数等；使用"符号"选项组中的命令按钮可输入算术运算符、关系运算符、希腊字母等各种数学符号。在公式输入时能用键盘输入的符号可直接输入。

图 1-6-9　插入公式

（2）如图 1-6-1 所示的建筑工程施工进度计划网络图是由一组不同的单个图形构成的，其中有圆、箭头、线、矩形等图形。图中的图形是一个一个地绘制的，绘制过程如下。

① 选择"插入"选项卡，在"插图"选项组中单击"形状"命令按钮，在展开的下拉列表选项中选择"新建绘图画布"选项，即可插入画布，如图 1-6-10 所示。绘图画布用来绘制和管理多个图形对象。使用绘图画布，可以将多个图形对象作为一个整体在文档中移动，调整大小或设置文字环绕方式，也可以对其中的单个图形对象进行格式化操作，且不影响绘图画布。

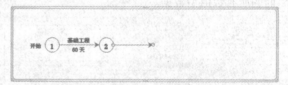

图 1-6-10　绘图画布

绘图画布是一个容器，其中可以放置自选图形、文本框、图片、艺术字等多种不同的图形。

② 单击"形状"命令按钮，在展开的下拉列表选项中单击"基本形状"中的"椭圆"，这时鼠标指针变成十字型。将鼠标指针移到绘图画布中，在按住 Shift 键的同时单击鼠标左键并拖动即可画出一个圆，设置圆为无填充，边框线型为 0.5 磅，并调整圆的大小至符合要求。在画好的圆中添加文字"1"，字号为 6 号。

③ 单击"形状"命令按钮，在展开的下拉列表选项中单击"线条"中的"箭头"，在圆的右侧画一个向右的箭头。单击箭头，使用"绘图工具"中的"形状轮廓"命令按钮将箭头的粗细设置为 0.5 磅，将箭头的样式设置为需要的样式。

④ 单击"形状"命令按钮，在展开的下拉列表选项中单击"矩形"中的"矩形"，在箭头的上方画一个矩形，去掉矩形的边框线和填充，在矩形中添加文字"基础工程"，字号为小 6 号。

若要使添加的文本在自选图形中上下左右都居中，可在"设置形状格式"对话框的"文本框"选项中，通过调整"内部边距"的各项数值来实现。如果调整"内部边距"还不能在垂直方向上居中，可在"字体"对话框的"字符间距"选项卡中，通过提升或降低文本的位置来实现。

⑤ 通过复制和粘贴操作，在箭头的下方画一个矩形，并将文本修改为"60 天"。

⑥ 绘制好基本的图形元素（圆、箭头和矩形）后，图 1-6-1 中的其他部分就可以通过复制、粘贴及编辑修改来完成。这样做可以节省制作图形的时间，提高制作效率。

（3）制作表格的过程。

① 选择"插入"选项卡，在"表格"选项组中单击"表格"命令按钮，插入一个有规律的表格，行、列数目接近要制作的自由表格。

② 选择表格中需要修改的行、单元格或单元格区域，使用如图 1-6-11 所示"表格工具"下"布局"选项卡中的命令，可拆分、合并单元格和拆分表格；使用"设计"选项卡中的命令，可画斜线或线，也可擦除线。

③ 使用"布局"选项卡中的命令，可以插入需要的行、列，或删除多余的行、列和单元格，也可以调整或精确设置各行的高度和各列的宽度，还能平均分布各列或各行。

④ 在表格中输入文本、插入图片等对象。

⑤ 对文本设置字符格式和对齐方式。应使用"布局"选项卡中"对齐方式"选项组里的命令，对表格中的文本进行对齐，不能用插入空格的方式对齐。

⑥ 使用"布局"选项卡中"数据"选项组里的命令，对表格中的数据进行统计计算、排序等处理。

⑦ 使用"设计"选项卡中的命令，对表格设置边框线型、粗细、颜色及边框线，添加底纹颜色等表格样式。

⑧ 单击"布局"选项卡中"表"选项组里的"属性"命令按钮，在打开的"表格属性"对话框中设置表格的对齐方式或文字环绕。

图 1-6-11　表格工具

五、实验拓展与思考

（1）网页中常常借助表格来布局页面，所以从网上下载的文章中常常带有多重表格。使用"表格"菜单下"转换"子菜单中的"表格转换成文本"命令，能去掉这类文章中的表格吗？还有更高效的方法吗？请实际操作试试。

（2）在公共场所中，我们经常能看到图 1-6-12 中所示的公共标识标志，使用 Word 的图形功能和其他功能，你能制作出这些标志吗？请试一试。

图 1-6-12　公共标识标志

电子表格的基本处理

一、实验目的

（1）掌握电子表格的创建，数据的输入和编辑修改方法。

（2）掌握单元格的引用方法，并掌握公式和函数的使用方法以及常用运算符的功能。

（3）掌握数据有效性的设置方法，掌握自动填充功能的使用方法。

（4）掌握对工作表的编辑操作，并掌握单元格格式化、页面格式化和条件格式化操作。

二、实验内容与要求

1. 实验内容

按图 1-7-1 所示的实验结果参考样例，建立一个电子表格，并对表格进行数据输入、对象插入、统计计算、格式化、排版等操作，制作出计算正确、效果美观的表格。

学号	姓名	性别	班级	学院	出生年月	物理	数学	外语	平均分	排名	补考科目	年龄
201010404102	董雯	女	通信101	信工	1991-5-12	93	80	93	88.67	1		21
201010404119	常新征	男	通信101	信工	1989-4-7	82	78	84	81.33	8		23
201010404122	童凯	男	通信101	信工	1992-5-1	75	58	87	73.33	22	数学	20
201010404129	杜号	男	通信101	信工	1992-8-18	78	66	80	74.67	19		20
201010404137	梅露	女	通信101	信工	1991-12-22	92	66	77	77.00	13		21
201010404214	赵小娟	女	通信102	信工	1993-1-31	75	78	77	76.67	15		19
201010404220	崔融寒	男	通信102	信工	1991-9-26	58	83	73	71.33	24	物理	21
201010404239	冯双润	女	通信102	信工	1990-11-13	89	90	85	88.00	3		22
201010404256	王晓强	男	通信102	信工	1992-7-12	53	76	57	62.00	25	物理，外语	20
201010404311	高静	女	通信103	信工	1990-10-22	68	69	95	77.33	11		22
201010404336	杨慧	女	通信103	信工	1993-4-8	84	77	81	80.67	9		19
201010404343	赵艳丽	女	通信103	信工	1990-9-30	67	71	83	73.67	21		22
201010404347	黄艳琴	女	通信103	信工	1992-6-4	75	74	82	77.00	13		20
201011003101	张国强	男	土木101	建工	1988-6-16	84	91	90	88.33	2		24
201011003117	喻灿	男	土木101	建工	1990-11-18	95	63	74	77.33	11		22
201011003125	黄蕊蕊	女	土木101	建工	1990-5-8	83	88	89	86.67	4		22
201011003133	夏小云	男	土木101	建工	1991-3-27	86	84	68	79.33	10		21
201011003209	马东	男	土木102	建工	1990-10-30	79	65	79	74.33	20		22
201011003211	周瑞祥	男	土木102	建工	1992-2-25	87	87	53	75.67	18	外语	20
201011003221	李荣伟	男	土木102	建工	1990-8-21	69	73	78	73.33	22		22

图 1-7-1 Excel 工作表处理参考样例

2. 实验要求

（1）新建一个 Excel 工作簿，在名称为"成绩表"的工作表中输入数据。成绩表中的字段数应大于 10，记录数应大于 20。列标题的内容可自定，记录数据的内容也可自定，但每个学生的工作表数据不能完全一样。

（2）用数据有效性功能为各科成绩的输入区域设置有效输入数值的范围为 0～100，如物理、数学、外语 3 列的区域。

（3）用公式进行计算，如样例中的平均分。

（4）用函数进行计算，如样例中的排名、补考科目和年龄。排名的计算方法请参考配套教材《大学计算机基础（第 2 版）》4.5.2 小节中的相应内容。

（5）使用条件格式功能将各科成绩中不及格的分数加上红色背景。

（6）将所有补考的学生的学号、姓名、性别、学院、补考科目共五项内容复制到一个名为"补考通知单"的工作表中，数据放在以 A1 开始的单元格区域中。在数据的上面插入一行，输入标题"补考通知单"，并将标题文字设置为黑体、14 磅、加粗和跨列居中。操作结果如图 1-7-2 所示。

（7）在成绩表数据的下方，用 COUNTIF( ) 函数求出某一门课程各分数段的人数，如图 1-7-3 所示，计算方法参考配套教材《大学计算机基础（第 2 版）》4.5.2 小节中的相应内容。

	A	B	C	D	E
1	补考通知单				
2	学号	姓名	性别	学院	补考科目
3	2010104041122	童凯	男	信自	数学
4	2010104040220	崔融寒	男	信自	物理
5	2010104040256	王晓强	男	信自	物理，外语
6	2010110003211	周瑞祥	男	建工	外语
7	2010110003344	谢大华	男	建工	物理，数学

图 1-7-2 补考通知单

物理	人数
90～100	2
80～89	9
70～79	8
60～69	4
0～59	3

图 1-7-3 物理课各分数段人数

（8）对表格中的文本进行格式化。对表格进行格式化，即加框线、底纹等。

（9）使用页面设置功能为输出的表格加上页眉和页脚，为每一输出页加上表头，并使页面水平对齐。

（10）可按自己的设计来制作表格，设计计算功能、设定表格样式等，应尽可能多地在工作表中展现已学的知识。

三、实验关键知识点

（1）针对需要完成的目标任务，设计出合理的、符合要求的表格及计算功能非常重要。

将一个已有的表格原样输入并进行处理容易完成，若要针对问题来设计表格、设计计算功能就相对难一些。先仔细分析要完成的任务，收集并整理好已有的原始数据，再设计字段名和要进行的各种计算，最后用 Excel 来实现。

（2）公式是用运算符将常量、单元格引用、函数连接起来形成的合法式子，用于对数据进行计算和分析。函数是 Excel 自带的一些已定义好的公式。

在进行简单的计算时可以通过直接在单元格中输入公式来完成，也可以通过直接在单元格中插入函数来完成。如计算平均分时，可在 J4 单元格中输入公式"=（G4+H4+I4）/3"或插入函数"=AVERAGE（G4:I4）"。

对于复杂的计算，一般需通过函数来完成。如要判断出补考科目的名称，需在 L4 中输入函数："=IF（G4<60,"物理",",""）&IF（H4<60,"数学",",""）&IF（I4<60,"外语","")"。此函数中的"&"称为文本连接符。细心的学生不难发现，在该函数中，若"外语"科目成绩合格，则最终输出的字符串将以"，"结束，此时可通过判断最后一个字符是否为"，"，决定是保持原样输出还是少输出这个"，"，有兴趣的同学不妨一试。

Excel 提供了几百个函数，可方便地对工作表中的数据进行计算。多掌握一些函数的使用方法，能提高数据处理的效率。在 M4 中输入的公式为"=YEAR（TODAY（））-YEAR（F4）"，其中，TODAY（ ）函数的功能是返回日期格式的系统当前日期；YEAR（ ）函数的功能是返回一个日期的年份，如 2010。用当前的年份减去出生年月中的年份就能算出实际的年龄，若显示的年龄是日期形式，可在"设置单元格格式"对话框中将"数字"选项卡里的"分类"设置为"常规"。

（3）Excel 的一个重要功能就是对数据资料进行分析和复杂运算。只有熟练掌握各类函数的功能及使用方法，才能很好地完成数据分析及复杂运算。

四、实验操作引导

（1）新建一个空白的 Excel 工作簿，将工作表 sheet1 更名为"成绩表"。在成绩表第一行的第一个单元格中输入文本"成绩表"，并将其在所有字段列范围内"跨列居中"和格式化；在第三行输入各个字段名，字段个数及字段名可自己确定。

（2）使用"数据"选项卡中"数据工具"选项组里的"数据有效性"命令按钮，在打开的"数据有效性"对话框中对成绩表中的成绩输入区域设置数据有效性，有效性条件、输入信息和出错警告可自己确定。设置方法可参考配套教材《大学计算机基础（第 2 版）》4.5.1 小节中的相应内容。

（3）在成绩表中输入各个记录的数据并编辑修改正确，记录内容可自己确定。

（4）单击"开始"选项卡中"样式"选项组里的"条件格式"命令按钮，在展开的下拉列表选项中选择"突出显示单元格规则"并在下级列表选项中选择"其他规则"选项（见图 1-7-4），在打开的如图 1-7-5 所示的"新建格式规则"对话框中对表中选取的数据设置条件格式，如将成绩小于 60 的分数设置为红色，也可以自己选择设置条件。

（5）使用公式或函数对工作表中的数据进行算术运算或逻辑运算，运算功能可自己确定，但不能太简单或太少，且运算要有意义。可使用自动填充功能来高效率地填充公式和函数。

（6）使用复制、粘贴和删除等功能建立工作表"补考通知单"。

（7）使用 COUNTIF( )函数求出某一门课程各分数段的人数。

（8）使用"设置单元格格式"对话框对单元格或其中的内容进行数字、对齐、字体、边框等格式设置，设置内容和格式可自己确定。设置方法参考配套教材《大学计算机基础（第 2 版）》4.5.2小节中的相应内容。

（9）使用"页面设置"对话框对页面进行纸张大小、页边距、页眉和页脚、打印区域、打印标题等设置。设置方法参考教材《大学计算机基础（第 2 版）》4.5.2 小节中的相应内容。

（10）取一个适合的文件名并保存 Excel 工作簿。

 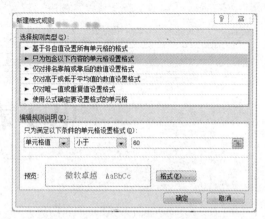

图 1-7-4　条件格式　　　　　图 1-7-5　"新建格式规则"对话框

五、实验拓展与思考

（1）理财能力是一个现代人必须具备的能力，因为"你不理财，财也不会理你"。生活中可以进行投资和理财的方式多种多样，股票、基金、信托产品、储蓄等是一些常见的理财方式，其中最稳妥的是几大国有银行的储蓄。想选择一个适合自己、风险相对较小、收益相对较高的理财方案，需要了解和学习很多方面的知识，也可以找专家咨询。

使用 FV 函数可以进行零存整取计算，如图 1-7-6 所示。假设每月向银行存款 2000 元（投资属于金额的支出，用负数表示），固定年利率为 4%，连续存款 3 年，用 FV 计算出本利之和。

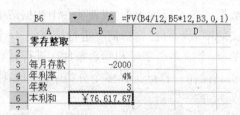

图 1-7-6　零存整取计算

请自学 FV 函数，并用文字说明该函数的功能、参数意义及使用方法。

（2）利用图 1-7-1 所示成绩表中已有的数据，通过 year( )、today( )、left( )和 value( )函数计算出表中的学生是大几的学生。

实验 8
电子表格的高级处理

一、实验目的

（1）掌握数据清单的建立以及在数据清单中插入、删除、修改记录等的操作方法。

（2）掌握图表的创建、编辑和修饰的操作方法。

（3）掌握对数据清单中的数据进行排序、筛选、分类汇总的操作方法，以及数据透视表的制作。

二、实验内容与要求

1. 实验内容

利用实验 7 中建立的数据清单（成绩表），或新建一个数据清单，自己设定绘图所用的字段和数据，创建一个有意义的图表；自己选择需要进行排序的 1 个或多个字段，进行有目的的排序；自己确定要筛选的 1 个或多个字段和筛选条件，进行有意义的筛选；自己选择分类字段，进行有意义的分类汇总操作；自己选择多个分类字段和多种汇总方式，生成一个有意义的数据透视表。

2. 实验要求

在进行具体操作前，应针对自己设计的数据清单，写出明确的实验任务，如选择什么数据创建何种图表；按什么字段进行排序；按哪些字段进行筛选，筛选条件是什么；按什么字段进行分类汇总，汇总字段是什么，汇总方式是什么等。

三、实验关键知识点

1. 在数据清单中插入、修改、查找和删除记录及数据

单击单元格，可以在编辑栏中修改文本或公式；双击单元格，可以在单元格中修改文本或公

式。右键单击单元格，在弹出的快捷菜单中选择"插入批注"选项可以插入批注；若选择"删除批注"或"编辑批注"即可删除批注或编辑批注中的内容。

在含有数据清单的工作表中，先用拖动的方式选择1行或多行（1列或多列），然后单击"开始"选项卡中"单元格"选项组里的"插入"命令按钮，再在展开的下拉列表中选择"插入工作表行"（或"插入工作表列"），即可插入1行或多行（1列或多列）。在插入的行或列中输入数据，即可完成插入数据记录或字段列。

选择数据清单中的1行或多行（1列或多列），单击"Delete"按钮可删除其中的内容；单击"开始"选项卡中"单元格"选项组里的"删除"命令按钮，再在展开的下拉列表中选择"删除工作表行"（或"删除工作表列"），即可删除1行或多行（1列或多列）。

在数据清单中选择数据区域，单击"开始"选项卡中"编辑"选项组里的"查找和选择"命令按钮，在展开的下拉列表中选择"替换"选项，可打开"查找和替换"对话框。使用该对话框可以方便地查找单元格中的内容，成批地替换单元格中的文本和格式。

2. 修改和修饰图表

对创建好的图表不满意时，单击图表将其选中，使用"图表工具"下的"设计""布局"和"格式"选项卡中的命令，可方便地修改和修饰图表中的各个图表对象，如绘图区、图表区、图例、坐标轴、网格线、数据区等，如图1-8-1所示。

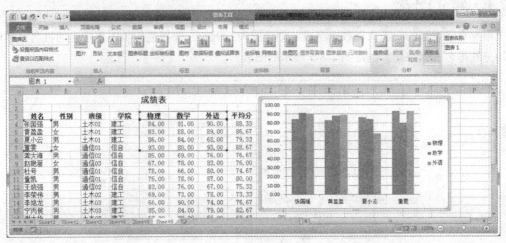

图 1-8-1　图表工具

对图表中的某个图表对象不满意时，右键单击图表的空白处或某个对象，在弹出的快捷菜单中选择相应的选项，在打开的对话框中重新进行设置数据和格式即可。

3. 筛选

在自动筛选时，对于某些特殊要求的条件，如要筛选出数字字段"数学"的值大于等于80且小于90的记录，可以通过在"自定义自动筛选方式"对话框中设置条件来完成，如图1-8-2所示。条件可以是一个关系表达式的形式，也可以是两个关系表达式进行"与"或"或"的形式。

图 1-8-2　"自定义自动筛选方式"对话框

　　若用于筛选的字段是文本型字段，如姓名，且要求筛选出所有姓王的记录，则应在打开的"自定义自动筛选方式"对话框的第 1 个条件框中设置筛选条件"等于"，并在其右侧的文本框中输入"王*"。筛选文本时，输入的筛选值中可以包含通配符"*"和"?"，如"王*""王?"等，前者筛选出所有姓王的记录，后者筛选出姓王的名字且字数为 2 的记录。

四、实验操作引导

　　以下操作所用的数据清单如实验 7 中图 1-7-1 所示。

1. 建立图表

　　根据自己设计的功能选择数据字段并创建图表。例如，选择通信 101 班学生的姓名及相应的平均分和排名三列数据，创建图 1-8-3 所示的图表。

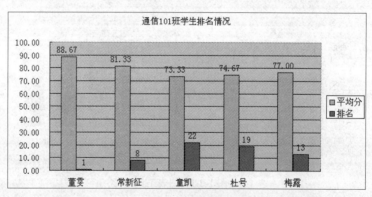

图 1-8-3　图表

2. 进行排序

　　根据自己设计的排序字段进行排序。例如，按班级字段进行升序排序，按排名字段进行降序排序等。

3. 进行筛选

　　根据自己设计的筛选条件进行筛选。例如，要筛选出排名前 10 名中的女生。
　　当筛选条件有多个时，可逐个进行筛选。例如，先通过自定义自动筛选方式筛选出成绩表中排名前 10 的学生，再筛选出其中的女生，结果如图 1-8-4 所示。

学号	姓名	性	班级	学	出生年月	物	数	外	平均	排	补考科	年龄
201010404102	董雯	女	通信101	信自	1991-5-12	93	80	93	88.67	1		21
201010404239	冯双润	女	通信102	信自	1990-11-13	89	90	85	88.00	3		22
201010404336	杨慧	女	通信103	信自	1993-4-8	84	77	81	80.67	9		19
201011003125	黄盈盈	女	土木101	建工	1990-5-8	83	88	89	86.67	4		22
201011003255	许晶晶	女	土木102	建工	1990-12-26	75	85	98	86.00	5		22

图 1-8-4 筛选结果

4. 进行分类汇总

根据自己设计的分类汇总要求进行分类汇总。例如，要求按班级计算出班级的平均分及各班三门课的最高分，分类汇总的结果如图 1-8-5 所示。

	A	B	C	D	E	F	G	H	I	J	K	L	M
1	成绩表												
2													
3	学号	姓名	性别	班级	学院	出生年月	物理	数学	外语	平均分	排名	补考科目	年龄
9				通信101 平均值						79.00			
10				通信101 最大值			93	93	93				
15				通信102 平均值						74.50			
16				通信102 最大值			89	90	85				
21				通信103 平均值						77.17			
22				通信103 最大值			84	77	95				
27				土木101 平均值						82.92			
28				土木101 最大值			95	91	90				
34				土木102 平均值						77.07			
35				土木102 最大值			87	87	98				
40				土木103 平均值						75.50			
41				土木103 最大值			85	90	82				
42				总计平均值						77.72			
43				总计最大值			95	93	98				

图 1-8-5 分类汇总

在分类汇总前必须先对分类字段进行排序，如按班级字段进行升序排序等。由于使用分类汇总功能一次只能进行一种方式的汇总，所以求班级的平均分需要进行一次汇总，求各班三门课的最高分又要进行另一次汇总。

求班级的平均分时应设置分类字段为班级，汇总方式为平均值，汇总项为平均分；求各班三门课的最高分时应设置分类字段为班级，汇总方式为最大值，汇总项为物理、数学、外语，并去掉“分类汇总”对话框中“替换当前分类汇总”选项前的勾。这样，两次汇总的结果都会被保留。

5. 生成数据透视表

使用数据透视表功能进行分类汇总。例如，要求按班级计算出班级的平均分及各班三门课的最高分，分类汇总的结果如图 1-8-6 所示。

建立数据透视表的过程如下。

（1）将鼠标光标定位在需要建立数据透视表的数据清单中的任何位置，选择“插入”选项卡，在“表格”选项组中单击“数据透视表”命令按钮，在展开的下拉列表中选择“数据透视表”选项。

（2）在打开的“创建数据透视表”对话框中选择要分析的数据，如“表/区域”；选择放置数据透视表的位置，如“新工作表”；然后单击“确定”按钮，进入如图 1-8-6 所示的数据透视表设计界面。该界面的左边表格区域用于显示设计好的透视表，右边的窗格区域用于设置透视表的报表筛选字段名、列标签字段名、行标签字段名及数值字段名和汇总方式等。

（3）在数据透视表设计界面中，将数据透视表字段列表中的"学院"字段名拖曳到窗格区域的"报表筛选"框中，将"班级"字段名拖曳到"列标签"框中，将"物理""数学"和"外语"3个字段拖到"∑数值"框中。

（4）将"列标签"框中"∑数值"字段拖曳到"行标签"框中。

（5）重新设置"数值"框中数值字段的汇总方式。单击"数值"框中汇总字段名右边的下拉箭头，在展开的选项框中选择"值字段设置"选项，在打开的"值字段设置"对话框中重新设置需要的"计算类型"。

（6）对建好的数据透视表，可以使用如图1-8-6所示的"数据透视表工具"中的"选项"和"设计"选项卡里的命令按钮，来修改数据透视表的样式、布局、数据源等。

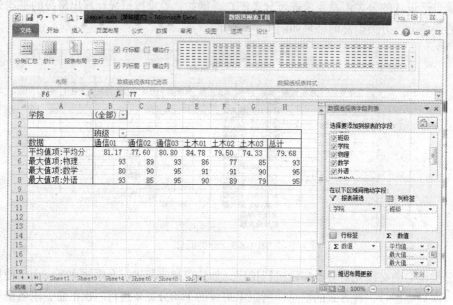

图1-8-6 数据透视表

五、实验拓展与思考

使用分类汇总功能一次只能按一个分类字段完成一种汇总方式的计算；使用数据透视表功能一次可以按多个分类字段进行多种汇总方式的计算。若要按学院、班级、性别3个分类字段求平均分的平均值和3门课程的最大值，应该如何设置数据透视表的布局，请上机操作试试。

实验 9
创建和编辑演示文稿

一、实验目的

（1）掌握演示文稿的创建过程及幻灯片上对象的插入、编辑和格式化的方法。
（2）掌握演示文稿的美化和格式化的方法。
（3）掌握幻灯片及对象的动画定义方法以及幻灯片的超链接技术。
（4）掌握放映演示文稿的方法。

二、实验内容与要求

1. 实验内容

按图 1-9-1 所示的实验结果参考样例，建立一个演示文稿，制作 6 张以上的幻灯片。可自己选定演示文稿的内容和题材，自己设计幻灯片的版式、母板和内容等。但严禁抄袭他人作品。

图 1-9-1　PowerPoint 演示文稿参考样例

2. 实验要求

（1）演示文稿展示的内容可以是景点介绍、民风民俗、产品广告、个人简历、教学课件、读书笔记、一个故事、某个成语的来历、国际形势、世界经济等，请自己选择，但每个同学不能完全一样。

（2）制作幻灯片的文字内容、表格、图片、图形等对象，可以自己编写、绘制，也可以从网上获取，但各对象都要与展示主题相关，是用于说明和表现主题的。

（3）在幻灯片中插入声音、影片等对象，使演示内容的展示更形象、更生动。

（4）在幻灯片中插入超链接、动作按钮等对象，以引导和控制幻灯片的播放顺序。

（5）通过设计幻灯片母板的标题样式、文本样式、背景颜色或背景图案等，使演示文稿中的幻灯片具有统一的风格和布局。

（6）在幻灯片母板中插入页眉和页脚、图形对象、图片对象等，并对这些对象进行调整大小、设置位置、字体格式化等编辑修改操作。

（7）为幻灯片中的对象设置适合的动画方案；为幻灯片的放映设置合理的放映方式和切换方式。

（8）按照配套教材《大学计算机基础（第2版）》4.6.1 小节中"制作演示文稿的一些基本原则"来制作具有较好视觉效果和放映效果的幻灯片。

三、实验关键知识点

1. 设置音频格式和音频播放格式

单击幻灯片上的声音图标时，会在图标下方自动显示播放控制条，如图 1-9-2 所示，使用播放控制条可以播放声音和设置音量。右键单击声音图标时可弹出快捷菜单，在快捷菜单中选择"设置音频格式"命令可打开"设置音频格式"对话框，如图 1-9-2 右边所示，使用该对话框可方便地设置音频格式。

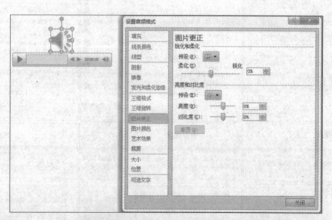

图 1-9-2　设置音频格式

单击声音图标时会自动打开"音频工具"，如图 1-9-3 上部所示，使用该工具可方便地设置音频的格式和播放格式。单击"音频工具"下"播放"选项卡中"编辑"选项组里的"剪裁音频"命令按钮，在打开的"剪裁音频"对话框中可方便地剪裁音频，如图 1-9-3 所示。

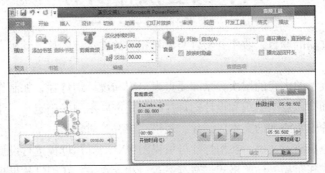

图 1-9-3　音频工具

2. 插入页眉和页脚

选择"插入"选项卡，在"文本"选项组中单击"页眉和页脚"命令按钮，打开"页眉和页脚"对话框，如图 1-9-4 所示。使用该对话框可以在幻灯片中加入能自动更新的日期和时间、页脚及幻灯片编号，但要对他们进行字体格式化和调整放置的位置的操作，只能在对应的幻灯片母版中进行。

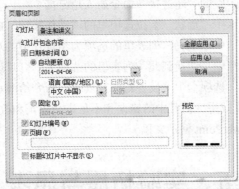

图 1-9-4　"页眉和页脚"对话框

3. 页面设置

选择"设计"选项卡，在"页面设置"选项组中单击"页面设置"命令按钮，打开"页面设置"对话框，如图 1-9-5 所示。在"页面设置"对话框中可设置幻灯片的大小、幻灯片的起始编号、幻灯片的方向等。

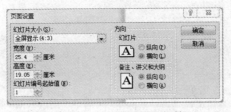

图 1-9-5　"页面设置"对话框

四、实验操作引导

（1）确定演示文稿的题目，收集并整理与题目相关的文本、图片、动画、声音等需要展示的资料和素材。

（2）根据需要展示的内容的层次关系和要点来组织和设计幻灯片，如制作教学课件时，一般是按教材的章、节和知识点来组织和设计幻灯片的。先按展示顺序确定每一张幻灯片的标题，再针对标题确定幻灯片中要添加的文本、图片、表格、声音等对象。

（3）新建一个空白演示文稿，在幻灯片母板视图中对幻灯片母板进行设计和编辑修改，即设置幻灯片母板的版式和布局、标题格式、文本格式、背景效果，在幻灯片母板中添加图片、页脚等对象。

（4）按顺序一张一张地制作幻灯片。制作幻灯片的过程如下。

① 插入一张新幻灯片，设置幻灯片的版式。

② 输入标题，插入或添加各种对象并编辑修改正确。

③ 对各对象进行格式化。

④ 对各对象的大小、位置、层次和颜色等进行调整，尽可能地做到布局合理，颜色搭配协调，段落层次和行距恰当。

（5）使用"插入"选项卡中的"超链接"命令插入超链接。

（6）使用"插入"选项卡中"形状"下拉选项里的"动作按钮"插入动作。

（7）使用"动画"选项卡中"动画"列表里的选项为幻灯片中的对象定义动画。

（8）使用"切换"选项卡中"切换到此"列表里的选项为幻灯片设置切换效果。

（9）使用"幻灯片放映"选项卡中"设置幻灯片放映"命令给演示文稿设置放映方式。

（10）通过放映查看制作效果，对其中的错误和不足进行改正和改进。

（11）保存制作好的 PowerPoint 演示文稿。

五、实验拓展与思考

在 PowerPoint 中，"主题"和"母版"是影响幻灯片风格和外观的两个重要因素，它们之间有什么区别？如何使用别人已经设计制作好的"主题"和"母版"，在使用过程中要注意什么？根据实际经验，谈谈自己的运用体会。

实验 10
常用网络命令的使用

一、实验目的

（1）掌握必要的网络命令，了解并认识自己所处的网络环境。

（2）熟悉 ping、tracert 和 ipconfig 等命令的语法格式，能够熟练运用命令常用的参数。

（3）了解网络管理的基本常识，能够自主掌握网络管理辅助工具软件的使用。

二、实验内容与要求

1. 目标计算机连通测试

利用 ping 命令完成对各类型目标的连接测试。要求对 ping 命令反馈回来的信息进行逐项解释，并按照实验要求填写实验数据，实验结果参考如图 1-10-1 所示。

```
C:\>ping www.w3school.com.cn
正在 ping www.w3school.com.cn [42.121.125.171] 具有 32 字节的数据:
来自 42.121.125.171 的回复: 字节=32 时间=41ms TTL=118
来自 42.121.125.171 的回复: 字节=32 时间=42ms TTL=118
来自 42.121.125.171 的回复: 字节=32 时间=42ms TTL=118
来自 42.121.125.171 的回复: 字节=32 时间=43ms TTL=118

42.121.125.171 的 ping 统计信息:
    数据包: 已发送 = 4, 已接收 = 4, 丢失 = 0 (0% 丢失),
往返行程的估计时间(以毫秒为单位):
    最短 = 41ms, 最长 = 43ms, 平均 = 42ms
```

图 1-10-1　ping 命令执行情况参考

（1）完成对 127.0.0.1（本机回送地址）以及其他 3 台计算机（局域网相邻的或任意指定的计算机）的物理连通测试，并把测试结果填写在表 1-10-1 中。

表 1-10-1　　　　　　　　　　　　　　　ping 命令测试结果 1

本机 IP	反　馈　项				状态
目标 IP	发包数量	接收数量	TTL	平均响应时间	连通（是/否）
127.0.0.1					

（2）完成对网关、DNS 服务器的物理连通测试，并把测试结果记录在表 1-10-2 中。

表 1-10-2　　　　　　　　　　　　　　　ping 命令测试结果 2

IP 地址	发送/接收数据包数量	平均响应时间	连通（是/否）
网关 IP			
DNS IP			

（3）根据域名，获取 3 个网站服务器的 IP 地址，并记录在表 1-10-3 中。

表 1-10-3　　　　　　　　　　　　　　　ping 命令测试结果 3

目标 Web 服务器域名	目标 Web 服务器 IP 地址	平均响应时间
www.cernet.edu.cn		
www.w3.org		
你所在学校的校园网域名		

2. 路由追踪测试

利用 tracert 命令以及上题中 ping 通的 Web 服务器域名或 IP 地址，进行路由跟踪实验。即用"tracert 目标 IP"的命令格式，得出从源地址（发出 tracert 命令的计算机）到目标地址，IP 数据包所经过的完整的路由。

实验结果如图 1-10-2 所示。例如用 ping 命令测试 wljx.kmust.edu.cn 时，得到该域名对应的服务器 IP 为 222.197.196.40，该服务器操作系统为 Linux，默认的 TTL 值为 64，TTL=54 意味着从命令源计算机到达该服务器经过了 64-54=10 个节点路由中转。接下来用 tracert 命令进行路由跟踪。得到的结果中，第一列代表节点数，经过 10 次路由中转，第 11

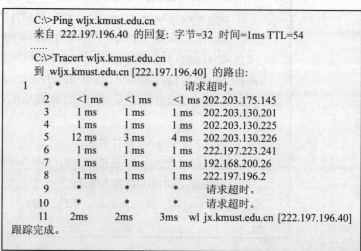

图 1-10-2　结合 ping 得出的 tracert 路由追踪执行情况

次到达目的 IP wljx.kmust.edu.cn [222.197.196.40]。其中第二至第四列时间值代表发出 3 个探测 IP 数据包后返回的时间值，若出现星号*表示超时。最后一列显示经过的路由器 IP，Request timed out 表示路由器拒绝回复。

在表 1-10-4 中填写对选定目标服务器（已知域名或者 IP 地址均可）的路由追踪情况。

表 1-10-4　　　　　　　　　　　　　　路由追踪结果情况

目标服务器域名或 IP		
根据 ping 计算经过的节点路由数*		
Tracer 命令（可以带参数）		
路由追踪情况		
节点路由序号（省略超时路由，选择 5 个探测连通的节点路由）	首个探测数据包反馈时间	路由 IP

不同的操作系统，TTL 默认值是不相同的。Linux 默认 TTL 值为 64 或 255，Windows NT/2000/XP 默认 TTL 值为 128，Windows 7 系统默认 TTL 值为 64，UNIX 默认 TTL 值为 255。读者可以根据 ping 返回的 TTL 来估判目的服务器的操作系统，如 TTL=50，则经过的中转路由数可能是 64−50=14 或 128−50=78，但是 14 的可能性较大（即目的服务器操作系统为 Linux 或 Windows7）。进一步可以通过 tracert 验证。

3. 获取网络配置命令测试

该实验要求用 ipconfig 命令，了解所在计算机的网络配置情况。

（1）用无参数的 ipconfig 命令，获取本机所有网络连接的基本网络配置信息。选取两个连接的基本信息（如果具备两个以上的网络连接），填入表 1-10-5。

表 1-10-5　　　　　　　　　　　　　ipconfig 基本连接信息

网络连接设备和连接名	项目	内容
	IP 地址	
	子网掩码	
	默认网关	
	IP 地址	
	子网掩码	
	默认网关	

（2）用"ipconfig /all"命令，获取本机所有网络连接的详细配置信息。选取一个连接的详细信息，填入表 1-10-6。

表 1-10-6　　　　　　　　　　　　ipconfig /all 运行结果信息

项　　目	内　　容
以太网卡的物理地址	
网卡制造商及型号	
有无启用 DHCP	
DNS 服务器 IP	
有无启用自动配置	
本地链接 IPv6 地址	

三、实验关键知识点

1. ping 命令原理与作用

　　ping 命令可以测试计算机名称和 IP 地址，验证与远程计算机的连接，通过向计算机发送 ICMP （ Internet Control and Message Protocol，因特网控制消息/错误报文协议）回应数据包并且回应数据包的返回时间，以校验与远程计算机或本地计算机的连接情况。对于每个发送报文，默认情况下发送 4 个回应数据包，每个数据包长度为 32 字节，计算机安装了 TCP/IP 协议后才可以使用。ping 命令可以通过"ping 网站网址"得到该网站的 IP，通过 "ping 网站 IP"可以得到该网站的域名。

　　ping 命令格式及其常用参数如下。

　　ping [-t] [-a] [-n count] [-l length][-i ttl] [-w timeout] [destination-list]

　　选项：

-t	不断 ping 指定的主机，可以通过 Ctrl+C 中止。
-a	将地址解析成主机名。
-n count	要发送的回显请求数。
-l size	发送缓冲区大小。
-i TTL	生存时间。
-w timeout	等待每次回复的超时时间(毫秒)。

2. tracert 命令原理与作用

　　tracert 命令用于跟踪路由，确定 IP 数据包访问目标所采取的路径。tracert 命令通过向目标发送不同 IP 生存时间 （TTL） 值的 Internet 控制消息（ICMP）回应数据包，确定到目标所采取的路由。要求路径上的每个路由器在转发数据包之前至少将数据包上的 TTL 递减 1。数据包上的 TTL 减为 0 时，路由器应该将"ICMP 已超时"的消息发回源系统。

　　tracert 先发送 TTL 为 1 的回应数据包，当该数据报遇到路由器 A 转发时，TTL 减 1 为 0，tracert 源计算机必然会收到路由器 A 发回的"ICMP 已超时"的信息，从而判断数据包经过的第一个路由是路由器 A。随后的发送过程 TTL 递增 1，直到目标响应或 TTL 达到最大值，从而确定路由。

tracert 命令格式及其常用参数如下。

tracert [-d] [-h maximum_hops] [-j host-list] [-w timeout][-R] target_name

选项：

-d	不将地址解析成主机名。
-h maximum_hops	搜索目标的最大跃点数。
-j host-list	与主机列表一起的松散源路由(仅适用于 IPv4)。
-w timeout	等待每个回复的超时时间(以毫秒为单位)。
-R	跟踪往返行程路径(仅适用于 IPv6)。

3. ipconfig 命令原理与作用

ipconfig 命令用于显示本机所有当前的 TCP/IP 网络配置信息。这些信息一般用来检验人工配置的 TCP/IP 设置是否正确，当局域网使用了动态主机配置协议 DHCP 时，使用 ipconfig 命令可以了解到计算机是否成功地租用到了一个 IP 地址，以及目前分配的子网掩码和缺省网关等网络配置信息。使用不带参数的 ipconfig 命令可以显示所有适配器的 IPv6 地址或 IPv4 地址、子网掩码和默认网关。

ipconfig 命令格式及其常用参数如下。

ipconfig [/all |/renew [adapter] | /flushdns / /displaydns]

其中 adapter 表示连接名称，允许使用通配符 * 和 ?。

选项：

/all	显示完整配置信息。
/flushdns	清除 DNS 解析程序缓存。
/renew[Adapter]	更新所有适配器(如果未指定适配器)，或特定适配器(如果包含了 Adapter 参数)的 DHCP 配置。
/displaydns	显示 DNS 解析程序缓存的内容。

四、实验操作引导

（1）在 Windows 7 系统中：单击"开始"→"运行"，在运行框内输入 cmd，进入命令行提示界面，输入 ping 命令及相关参数即可，也可以在运行框内直接输入 ping 命令及其参数。

不带参数使用 ping 命令，只显示与远程计算机或本地计算机的连接情况，默认向目标机发送4 个报文。

格式是：ping 目标地址

（2）tracert 命令的使用方法与 ping 命令相似，可以在运行栏或者命令行界面上运行该命令，注意附加参数可选。进行 tracert 路由追踪前，通常用 ping 命令探测欲追踪目标是否可以连通。注意部分早期的路由器若进行了拒绝 ICMP 探测设置，则通过该路由器连入因特网的计算机将无法实现 tracert 路由追踪。

（3）首先通过 ipconfig 命令的无参形式获取本机的基本连接信息，得知所有网络连接的名称。然后再通过 ipconfig 加参数的命令形式设置或者获取指定网络连接的详细的信息，例如，更新名称为"Link1"的网络连接设备的 DHCP 配置，通过命令："ipconfig /renew Link1"即可完成。

五、实验拓展与思考

（1）对 ping 命令完成加参数的应用，如："ping 192.168.0.1-t"，其中参数 t 的作用相当于对目标地址进行不间断的发包测试。请了解并运用上述可选参数中的至少 3 项进行实践。

（2）在 Windows7 系统中，IPv6 协议是默认开启的，请通过"网络和共享中心"或者利用 ipconfig 命令，查看 IPV6 开启的情况，并用"ping -6"命令测试实验环境内某一 IPv6 地址的连通情况。例如："ping -6 ::1"可以进行本机回环地址的测试。

（3）由于受到实验环境路由屏蔽等技术因素影响，tracert 命令探测路由的过程中常常会遇到超时现象（未必是真正的超时），基于此，可以通过一些整合了 tracert 功能的站点完成从指定节点（不是做实验的计算机）到目标服务器的路由探测。这样的站点，国际上著名的有 http://tracert.com，进入该站点后选择 Traceroute 选项，然后选择从指定的服务器出发，访问指定的目标 IP，从而得出 tracert 路由路径。国内的站点有 http://www.webkaka.com，进入后选择"网站路由追踪"，然后选择从国内外几个主要的 ISP 出发，到达目的站点，会得到十分直观的 tracert 结果，如图 1-10-3 所示。

图 1-10-3　网站 tracert 结果

（4）利用 ipconfig 获取本机网络配置信息是网络管理员常用的基本命令之一。但是由于计算机网络配置信息会伴随物理连接设备和虚拟连接设备的增加而增加，另外接受 DHCP 配置的网卡会伴随 IP 租期的开始和结束而发生配置信息的更新，所以通常一台计算机的网络配置信息是复杂的、动态的。为了便于管理，可以在命令行通过转向命令使网络配置信息以文本的形式存储在指定的存储空间而不是直接在屏幕上显示。如输入命令"ipconfig /all >c:\Jan3_ip.txt"，就可以将本机的网络配置详细信息保存在 C 盘下并命名为 Jan3_ip.txt。当然命令行中的转向命令符">"同样可以用于其他命令信息的磁盘存储，这样的命令格式也常被管理员用于批处理文件中，实现开机或者定时的信息记录。

除上述 3 个基本网络命令外，操作系统还提供了许多实用的网络命令，可以很方便地为了解及管理计算机网络提供便利，以 Windows 7 操作系统为例，还有如表 1-10-7 所列举的命令及其他命令可供使用。关于这些命令的学习可以通过"命令名 /"的方式获取系统的帮助，从而了解详细的参数名称及用法。

表 1-10-7　　　　　　　　　　　　　其他网络命令概要

命令	作用概要
net	查阅及启用特定的网络信息
netstat	检测计算机与网络之间详细的连接情况，可得到以太网的统计信息并显示所有协议的使用状态
arp	确定对应 IP 地址的网卡物理地址、查看本地计算机或另一台计算机的 ARP 高速缓存中的当前内容、设置静态网卡物理地址与 IP 地址的绑定关系等
route	查看及设置路由表
nslookup	查看主机的 IP 地址和主机名称
nbtstat	查看工作组、计算机名等网络信息

实验 11
因特网应用

一、实验目的

（1）熟练运用浏览器，掌握浏览器的常规设置方法。

（2）熟悉搜索引擎，掌握常用的搜索技能。

（3）熟练掌握浏览器的安全设置，了解除 IE 之外的浏览器。

二、实验内容与要求

1. IE 浏览器的常规设置

（1）整理及建立浏览器的"收藏夹"。建立"中国高校""门户媒体""购物网站"以及自定义的其他分类，如图 1-11-1 所示。

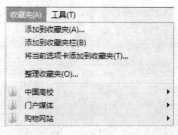

图 1-11-1　IE 收藏夹示意图

然后分别查找和浏览各类网站，将符合分类要求的各类站点地址存放在相应的收藏夹分类中。2~3 位同学为一组，通过收藏夹的导入、导出功能，将各自建立的收藏夹及搜寻到的网址合并到一起。

（2）为了提高站点页面的浏览速度，用户往往选择禁止查看网页动画或者网页图片，而只是浏览文字信息。请尝试实现此种浏览效果，浏览效果如图 1-11-2 所示。

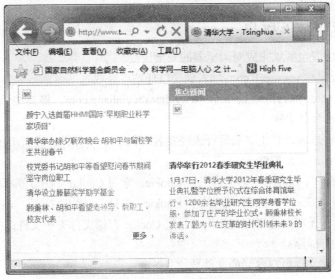

图 1-11-2　禁止显示图片动画效果

（3）设定 Internet 临时文件存储空间大小为 100MB。

记录 Internet 临时文件存储位置_____。

设定网页保存在历史记录中的天数为 3 天。

（4）通过以上 3 种常规设置项的学习，你了解到 IE 浏览器还可以做其他的哪些设置，这些设置的作用是什么？请记录在表 1-11-1 中。

表 1-11-1　　　　　　　　　　　　　　IE 设置项

序号	IE 设置项	作用
1		
2		
3		
4		
备注		实验所用的 IE 浏览器版本信息：_____

2. 搜索引擎的应用

有些广告性的站点或者流氓软件，会未经用户许可就将指定的站点或者自身的站点地址设置为浏览器的默认首页。请通过搜索引擎站点，利用恰当的搜索关键词了解这种行为的技术原理，并学习自己查询到的结果，将理解后的原理及防护方法整理并保存在 DOC 文档中。

① 查询所用搜索引擎 1_____。

② 查询所用搜索引擎 2_____。

③ 查询用关键词_____、_____、_____。

④ 高级搜索功能运用情况：

⑤ 查询效率对比及评价：

3. 浏览器的安全设置

（1）按照不同的安全区域完成对浏览器的安全设置。

① 将中国建设银行 www.ccb.com 加入到受信任站点区域。

② 假设存在一个疑似钓鱼站点 http://www.jiansheyinhang.com，将其加入受限制站点的安全区域，并重启浏览器令其生效。

③ 设置 Internet 区域，禁止下载运行未经签名的 Active X 控件；设置 Intranet 区域，允许下载运行未经签名的 Active X 控件。

（2）设置接受第一方 Cookie，拒绝第三方 Cookie。学习 Cookie 的相关知识，查看存储在自己所用计算机中的 Cookie。清除现有的 Cookie 文件，然后打开 www.baidu.com 或者 www.google.com.hk，无需做任何查询工作，观察 Cookie 存储文件夹中文件的变化。记录如下。

本地 Cookie 的存储路径_____。

打开 Cookie 存储文件夹观察到的文件数_____。

清理后，打开 www.baidu.com 或者 www.google.com.hk 后是否产生新的 Cookie，如果产生了，新 Cookie 的文件数_____。

试图打开一个 Cookie 文件，将读到的信息情况按照自己对代码的理解记录下来（不必照抄代码）：

三、实验关键知识点

1. IE 浏览器的安全区域

IE 浏览器会将网站区域分成：网络（Internet）、本地网络（Local Intranet）、受信任的站点（Trusted Sites）、受限制的站点（Restricted Sites）四种安全性区域（还有默认隐藏的第五个安全区域——"我的电脑"区域，但要通过 Internet Explorer 管理工具包——IEAK 或者修改注册表来进行设定，一般很少用到）。IE 安全区域如图 1-11-3 所示。

IE 允许用户针对不同的区域设定不同的安全等级，例如：在受信任的站点才能执行没有数字签名的 ActiveX 控件、接收本地网络的第三方 Cookie 等。同时还可指定哪些站点属于哪个区域，让用户能根据具体的安全需求在操作便捷与安全防护之间取得平衡。

图 1-11-3　IE 安全区域

2. Cookie

由于 HTTP 是一种无状态的协议，即协议对事务处理没有记忆能力。服务器仅仅通过 HTTP 请求无从知晓用户的身份。为了解决这一问题，服务器就通过给客户端颁发"通行证"的方式来确认用户的身份及状态，这就是 Cookie。

Cookie 实际上是一小段文本信息。客户端向服务器发送请求，如果服务器需要记录该用户的状态，就向客户端浏览器颁发一个 Cookie。客户端浏览器会把 Cookie 保存起来。当浏览器再次请求该网站时，浏览器会把请求的网址连同该 Cookie 一同提交给服务器。服务器检查该 Cookie，以此来辨认用户状态。服务器还可以根据需要修改 Cookie 的内容。Cookie 工作原理如图 1-11-4 所示。

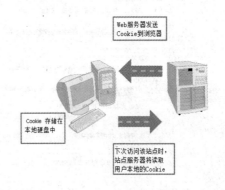

图 1-11-4 Cookie 工作原理

Cookie 是由 W3C 组织提出，1993 年由网景公司制定的一种机制。目前 Cookie 已经成为所有的主流浏览器的标准，如 IE、Netscape、Firefox、Opera 等都支持 Cookie。

Cookie 常用于购物车、登录信息、成长轨迹、个性化站点定制信息等的存储，为用户提供很多方便，但是同时它的安全问题也一直颇受人们关注。Cookie 是大量网络攻击行为中搜寻用户隐私信息的焦点所在。用户可以通过修改浏览器的设置、自动或手工清除、修改 Cookie 文件夹访问权限、修改注册表等多种方式清除 Cookie 或者拒绝接收 Cookie。

四、实验操作引导

（1）通过选择 IE 浏览器的"收藏夹"→"整理收藏夹"选项，可以实现在收藏夹内建立、移动、重命名、删除收藏夹子目录。如图 1-11-5 所示。收藏夹本质上是一个存储在用户计算机硬盘上的文件夹，它是一个重要的用户上网资料存储文件夹，是系统备份功能的重点文件夹。通常在用户重新安装操作系统时都会导入以往的浏览器收藏夹。

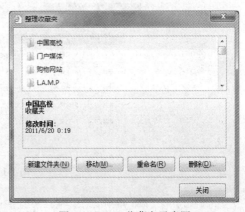

图 1-11-5 IE 收藏夹示意图

浏览器本身提供了方便收藏夹导入及导出的功能，单击"文件"→"导入导出"命令项即可完成此功能。同时可供导入及导出的除了"收藏夹"外还有"Cookie""源"等。

不同的 IE 版本，以及不同的浏览器均具备此项功能，但是命令项及命令项窗体中的选项会略有不同，请读者自行掌握。

IE 的其他设置项也能够方便地通过单击 IE 的"工具"→"Internet 选项"，在选项窗体中进行设置。例如通过"Internet 选项"的常规选项卡，单击"浏览历史记录"右侧的"设置"按钮，就可以进行如图 1-11-6（右侧窗体）所示的临时文件空间调整、历史记录保存天数等设置。

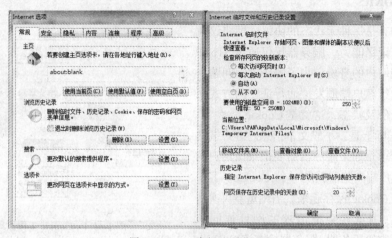

图 1-11-6　IE 常规选项设置

（2）搜索引擎的应用关键在于查询关键词的选择，如果查询结果过多，可以考虑应用高级搜索功能快速定位所要搜索的内容。

如果读者位于教育网内部，可以考虑通过校园网的图书馆，利用高校付费的数据库资源快速搜索到相关的专业性技术文章。例如，如图 1-11-7 所示，通过维普数据库自定义查询条件进行修改 IE 首页脚本相关论文的查询。可以准确而快速地查找到所需的信息，查询结果如图 1-11-8 所示。

图 1-11-7　维普高级检索

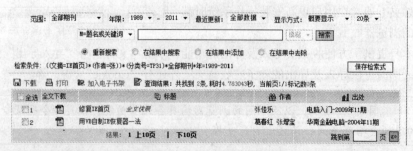

图 1-11-8　维普高级检索结果

（3）浏览器的安全设置对于降低用户上网面临的安全风险，以及定制符合个人安全需求的安全策略都非常重要。IE 的安全设置可以通过"工具"→"Internet 选项"中的安全选项卡来完成分区的设置，使用户可以分区域定义符合自己上网习惯和安全需求的安全选项。

Cookie 给用户提供购物、登录等便利的同时，其所含的个人信息也是各种木马及网络嗅探工具所关注的敏感信息。用户要养成清理 Cookie 及选择性接收或拒绝 Cookie 的习惯。

可以通过"工具"→"Internet 选项"中的隐私选项卡，点选"高级"按钮设置对于 Cookie 的接收或拒绝，如图 1-11- 9 所示。在 Windows 系统中，存储在本机硬盘中的 Cookie 文件，一般默认存储在系统盘的"Documents an Settings\用户\Cookies"文件夹下。

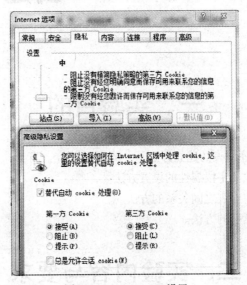

图 1-11-9　IE Cookie 设置

五、实验拓展与思考

（1）浏览器的种类繁多，版本更新也很频繁，新版本浏览器所提供的用户个性化及安全功能更加人性化。根据图 1-11-10 提供的浏览器 LOGO，了解它们分别代表哪一种浏览器？根据前面的实验内容，思考在其他浏览器中，如何进行浏览器的常规及安全设置。

图 1-11-10　各种浏览器的 LOGO

（2）手机上网在我国迅速普及，截止 2013 年 12 月，我国手机上网网民已经突破 5 亿人。请根据自己的使用情况或所了解的使用情况，分析手机网民常用的浏览器是什么，可以定制的安全设置有哪些？手机网民常用的网络服务有哪些？

实验 12
创建和修改表

一、实验目的

（1）掌握 Access 数据库、表的建立方法。

（2）掌握表结构的修改和字段属性的设置方法。

（3）掌握在数据库中建立表之间关系的方法。

（4）掌握在表中建立索引的方法。

二、实验内容与要求

1. 创建数据库和表

在 Access 2010 中，创建一个人事管理数据库，该数据库文件名为"人事管理.accdb"。在数据库中建立"人员情况表"和"通讯联系表"两个基本表，将人员情况表的工号字段定为主键。

关系模式为：

人员情况表（工号，姓名，性别，出生年月，民族，学历，婚否，参加工作时间，简历）

通讯联系表（工号，姓名，办公电话，手机，住址）

人员情况表结构如表 1-12-1 所示，内容如表 1-12-2 所示。

表 1-12-1　　　　　　　　　　　　　　　　　人员情况表结构

字段名称	数据类型	字段大小
工号	文本	7 字符
姓名	文本	4 字符
性别	文本	1 字符
出生年月	日期/时间	8
民族	文本	2
学历	文本	6

续表

字段名称	数据类型	字段大小
婚否	是/否	1 位
参加工作时间	日期/时间	8
简历	备注	

表 1-12-2　　　　　　　　　　　　人员情况表内容

工号	姓名	性别	出生年月	民族	学历	婚否	参加工作时间	简历
1201001	张辉	男	1984/5/3	汉	本科	N	2009/3/1	略
1201002	宋华维	女	1981/2/2	白	本科	Y	2006/6/3	
1202001	李兵	男	1985/3/3	回	中专	N	2010/9/8	
1301001	苏宏图	男	1979/5/4	傣	研究生	Y	2003/7/5	
1301002	刘岚	女	1976/1/26	汉	高专	Y	2001/6/15	
1302001	王媛	女	1983/12/3	汉	研究生	Y	2007/6/8	

　　创建"人事管理.accdb"数据库的实验结果如图 1-12-1 所示,创建"人员情况表"的表结构和录入数据情况则分别如图 1-12-2 和图 1-12-3 所示。

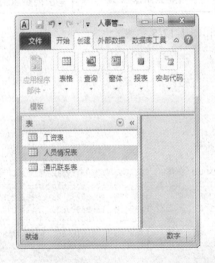

图 1-12-1　Access 2010 创建的"人事管理"数据库　　　图 1-12-2　创建"人员情况表"后的结构

图 1-12-3　录入数据后的"人员情况表"

　　通讯联系表结构如表 1-12-3 所示,内容如表 1-12-4 所示。

表 1-12-3　　　　　　　　　　　　　通讯联系表结构

字段名称	数据类型	字段大小
工号	文本	7 字符
姓名	文本	4 字符
办公电话	文本	8 字符
手机	文本	11 字符
住址	文本	20 字符

表 1-12-4　　　　　　　　　　　　　通讯联系表内容

工号	姓名	办公电话	手机	住址
1201001	张辉	5812345	12309789342	学府路 28 号
1201002	宋华维	3912356	19809897673	民生街 23 号
1202001	李兵	4589785	13989722123	人民路 235 号
1301001	苏宏图	5789456	13898989856	东风路 3 号
1301002	刘岚	5674567	12098765435	景明路 357 号
1302001	王媛	6756745	13098767857	彩云南路 3031 号

创建"通讯联系表"实验结果参考图 1-12-4 和图 1-12-5。

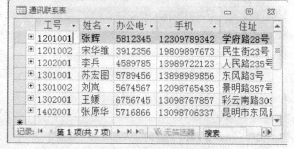

图 1-12-4　数据库中"通讯联系表"结构　　　图 1-12-5　录入数据后的"通讯联系表"

2. 修改人员情况表

（1）将"民族"字段长度改为 4。

（2）在出生年月字段后增加"出生地"字段，类型为文本型，长度为 6 字符。内容为"昆明，西安，大理"等。实验结果参考图 1-12-6 和图 1-12-7。

图 1-12-6　增加字段修改后的人员情况表

图 1-12-7　增加"出生地"后的人员情况表　　　　图 1-12-8　人员情况表与通讯联系表关联

3. 建立关系

将人员情况表中的"工号"与通讯联系表中的"工号"建立关系，实验结果参考图 1-12-8。

4. 建立索引

在人员情况表中对工号、姓名、学历建立索引，同时给"性别"设置默认值"男"。实验结果参考图 1-12-9 和图 1-12-10。

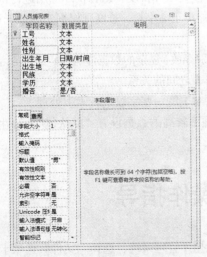 

图 1-12-9　建立索引和默认值的表　　　　　　图 1-12-10　建立索引的情况

5. 增加工资表

工资表的关系模式为：

工资表（工号，姓名，基本工资，绩效工资，补贴，扣保险，扣税）。

要求如下。

（1）工号、姓名字段类型和长度与人员情况表一致。基本工资、绩效工资等后面的字段全部为"货币型"，类型为"常规数字"，小数为2。

（2）自行输入3~6条记录后保存，然后将本表中的"工号"和人员情况表中的"工号"建立关系。

实验结果参考样例如图1-12-11所示。

图1-12-11　工资表

三、实验关键知识点

（1）Access 2010数据库的扩展名为"accdb"，它采用集成管理模式，表格、查询、窗体、报表、宏与代码等对象都包含在数据库文件中，这样方便维护和管理。

（2）表是数据库的基础，对于表中的字段、字段类型和长度要结合实际应用进行认真分析和设计。要适当选取字段类型和长度，如"姓名"不能少于2字符，长度则根据实际情况进行设置，太短不够存放，太长则浪费存储空间。

（3）数据库中的数据一般都用2至3个表来分别存放，复杂的数据库有10多个表，甚至更多。表之间要用关联字段来连接，通过连接可建立表与表之间的关系。

（4）为了在海量数据中快速查询到数据，需要对表的一些字段进行索引处理。

（5）为了加快数据录入速度，可对一些出现频率较高的数据设置"默认值"，如性别字段中的"男"。

四、实验操作指导

（1）建立数据库的方法。打开Access 2010数据库管理系统，选择"文件"选项卡中的"空数据库"图标，在文件名处录入"人事管理"，单击"建立"按钮，即可建立"人事管理.accdb"数据库。

（2）建立表的方法。选择"创建/表格"选项组中的"表设计"选项，在右方表格栏的"字段名称""数据类型"和"字段大小"中分别输入表 1-12-1 所对应的"人员情况表结构"的内容，字段输入完毕，单击右上角关闭按钮，在"另存为"窗口中输入表名，单击"确定"保存。同样方法，完成"通讯联系表"的建立。

注意：进入表结构的输入环境时要注意选择类型和长度。文本的默认值是 255，这在很多情况下都显得过大，因此最好不要用这个默认值。

（3）设置主键的方法。右键单击"工号"字段名，选择小钥匙图标即可将工号设置为主键。

（4）输入数据方法。表建立完毕，可以紧接着输入数据，也可以关闭后重新打开表进行输入，同时还可以对已经输入的数据进行修改。

（5）修改表结构的方法。打开数据库，在左窗格双击表名。打开表之后，在表区域中单击右键，选择"设计视图"进入修改状态。或者选择"设计/视图"选项组的"设计视图"选项，进入修改状态，可以对字段名称、数据类型、字段大小等进行修改。

（6）建立关系的方法。

① 打开"人事管理"数据库，选择"数据库工具/关系"选项组中的"关系"按钮。

② 单击"显示表"按钮，打开"显示表"对话框。

③ 在"显示表"对话框中，分别双击"人员情况表"和"通讯联系表"将 2 个表添加到关系窗口中。关闭"显示表"对话框。

④ 选定"人员情况表"中的"工号"字段，拖动联线到"通讯联系表"中的"工号"字段处。

⑤ 在"编辑关系"对话框中确认工号为关联字段（可以更改）。单击"创建"按钮。

（7）建立索引的方法。打开"人员情况表"，选择"设计/视图"选项组中的"设计视图"，选择"姓名"字段，在字段属性中选"索引"打开列表框，然后单击三角按钮，在弹出列表处选择"无（无重复）"或"有（有重复）"。

（8）设置"默认值"的方法。打开"人员情况表"，选择"设计/视图"选项组中的"设计视图"，单击"性别"字段，在字段属性中选择"默认值"，然后输入"男"。

五、实验拓展与思考

（1）创建字段名时，在字段属性中除了字段大小、默认值之外，还有"输入掩码、有效性规则"等属性，充分利用这些属性可以提高数据处理效率。给上面"工资表"的"绩效工资"字段设置"有效性规则"，使之在 1000 至 8000 之间。这样设置之后对该字段数据的处理有什么好处？

（2）有的时候，建立的关系和索引太多反而会降低数据库的处理速度和使用性能，尤其在大型海量数据库中更加明显，这是为什么？请把上面"人员情况表"中已经建立的"学历"索引删除。

（3）Access 2010 数据库的数据可以导入和导出。请将上面"工资表"的数据导出成为 Excel 表。做数据导入/导出有什么作用？

实验 13 创建查询、窗体和报表

一、实验目的

（1）掌握 Access 查询、窗体、报表的建立方法。

（2）掌握在 Access 中应用向导和设计视图创建查询、窗体、报表的方法。

二、实验内容与要求

1. 创建查询

（1）在“人事管理”数据库中，创建一个查询，取名为“人员基本情况”，只显示“工号、姓名、性别、出生年月、民族、学历”6 个字段，实验结果参考图 1-13-1。

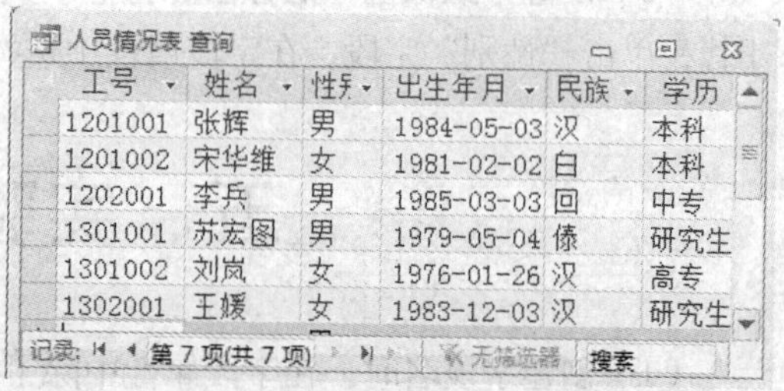

人员情况表 查询

工号	姓名	性别	出生年月	民族	学历
1201001	张辉	男	1984-05-03	汉	本科
1201002	宋华维	女	1981-02-02	白	本科
1202001	李兵	男	1985-03-03	回	中专
1301001	苏宏图	男	1979-05-04	傣	研究生
1301002	刘岚	女	1976-01-26	汉	高专
1302001	王媛	女	1983-12-03	汉	研究生

记录：第 7 项(共 7 项) 无筛选器 搜索

图 1-13-1 Access 创建的“人员基本情况”查询

（2）在“人事管理”数据库中，创建一个查询，取名为“通讯录”，要求将“人员情况表”和“通讯联系表”连接，只显示“工号、姓名、性别、出生年月、办公电话、手机、住址”7 个字段。实验结果参考图 1-13-2。

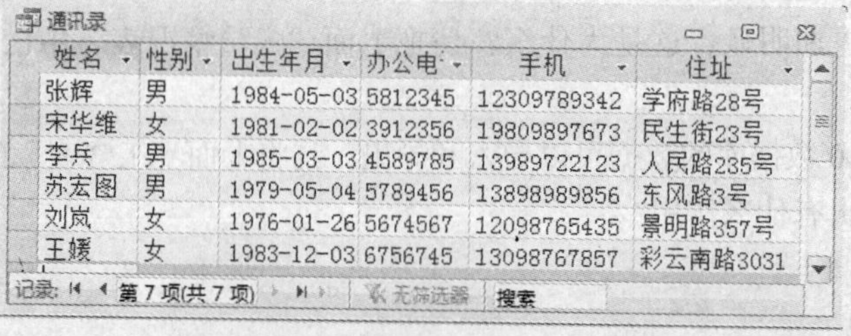

通讯录

姓名	性别	出生年月	办公电	手机	住址
张辉	男	1984-05-03	5812345	12309789342	学府路28号
宋华维	女	1981-02-02	3912356	19809897673	民生街23号
李兵	男	1985-03-03	4589785	13989722123	人民路235号
苏宏图	男	1979-05-04	5789456	13898989856	东风路3号
刘岚	女	1976-01-26	5674567	12098765435	景明路357号
王媛	女	1983-12-03	6756745	13098767857	彩云南路3031

记录：第 7 项(共 7 项) 无筛选器 搜索

图 1-13-2 通过查询创建的“通讯录”

（3）在“人事管理”数据库中，创建一个查询，取名为“查询男员工”，显示全部字段。实验结果参考图 1-13-3。

图 1-13-3 通过查询创建的"查询男员工"

（4）在"人事管理"数据库中，用"人员情况表""通讯联系表"和"工资表"三表连接创建一个查询，取名为"查询学历工资"，要求显示学历为"研究生"，基本工资在"1800 元"以上的人员，查询结果只显示"工号、姓名、性别、学历、基本工资、办公电话"5 个字段。实验结果参考图 1-13-4。

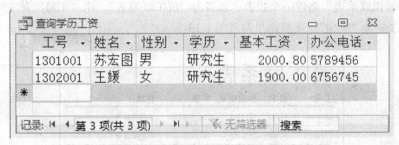

图 1-13-4 通过查询创建的"查询学历工资"

2. 创建窗体

（1）对"人员情况表"创建一个窗体，取名为"人员情况"。布局采用"纵栏表"，实验结果参考图 1-13-5。

图 1-13-5 通过"人员情况表"创建的窗体

（2）将"人员情况表"和"通讯联系表"连接起来，创建一个窗体，取名为"员工信息"。字段选取"工号、姓名、性别、出生年月、学历、手机、住址"7 个字段。布局采用"表格"。实验结果参考图 1-13-6。

图 1-13-6　连接两个表创建的"员工信息"窗体

3. 创建报表

（1）对"通讯联系表"创建一个报表，取名为"员工联系表"。用"工号"升序排序，布局采用"表格"，方向为"纵向"。实验结果参考图 1-13-7。

员工联系表

工号	姓名	办公电话	手机	住址
1201001	张辉	5812345	12309789342	学府路28号
1201002	宋华维	3912356	19809897673	民生街23号
1202001	李兵	4589785	13989722123	人民路235号
1301001	苏宏图	5789456	13896989856	东风路3号
1301002	刘岚	5674567	12098765435	景明路357号
1302001	王媛	6756745	13098767857	彩云南路3031
1402001	张原华	5716866	13098706337	昆明市东风路

图 1-13-7　用"通讯联系表"生成的员工联系报表

（2）应用本实验 1-（3）题所建立的"查询男员工"查询，创建一个报表，取名为"男员工表"，"简历"字段不输出，用"姓名"降序排序，布局采用"表格"，方向为"纵向"。实验结果参考图 1-13-8。

男员工报表

工号	姓名	性别	出生年月	出生地	民族	婚否	参加工作时间
1201001	张辉	男	984-05-03	昆明	汉	☐	2009-03-01
1301001	苏宏图	男	979-05-04	丽江	傣	☑	2003-07-05
1202001	李兵	男	985-03-03	昆明	回	☐	2005-09-08

图 1-13-8　应用"查询男员工"生成的男员工报表

三、实验关键知识点

（1）查询是数据库的最基本也是最常用的操作。应用"查询向导"可快速生成一些简单和普通的查询，应用"设计视图"则可根据实际需要创建各种各样的查询，尤其是一些综合程度高且较为复杂的查询。

（2）窗体是数据库与使用者进行交互的重要界面，应用"窗体向导"生成窗体是基本的方法。通过"设计视图"可以调整窗体的格式、布局、背景，还能够设置属性、添加控件使窗体的功能更强，应用更方便。

（3）报表是数据库输出数据的主要表现形式。应用"报表向导"可以很方便地生成一个简明的报表。报表的修饰和统计功能的完善需要在"设计视图"中完成。未联通打印机时，报表只能在屏幕上显示。

（4）查询、窗体、报表既可以从独立的表中获取数据来建立，也可以通过连接多个相关表选取不同字段来组合建立。在选择多个表的字段合成一个新的表时，必须先建立相关表之间的关系。

四、实验步骤指导

1. 建立查询的方法

（1）打开数据库，选择"创建/查询"选项组中的"查询向导"。

（2）在"新建查询"对话框中选择"简单查询向导"，单击"确定"按钮，打开"简单查询向导"对话框，根据"向导"的提示，选择字段，输入查询文件名，即可生成查询。

2. 在查询中构建条件的方法

应用向导生成基本查询后，打开查询"设计视图"，在相关字段之下输入查询条件。例如，要在本实验 1-（3）题中查询男员工，则在性别字段下输入"男"，如图 1-13-9 所示。如果要构造其他条件，操作方法相同。

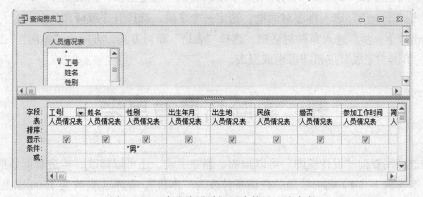

图 1-13-9　在查询设计视图中构造查询条件

如果需要进行分组、合计、最大值、最小值、平均值、计数等计算操作，可在设计视图中单击工具栏的"∑"图标，即出现"总计"行。如图 1-13-10 所示。

图 1-13-10 单击"∑"后出现"总计"行

3. 建立窗体的方法

（1）打开数据库，选择"创建/窗体"选项组的"窗体向导"选项。

（2）在"窗体向导"对话框中，单击"表/查询"下拉列表框的下拉箭头，从列表中选择一个数据表。从"可选字段"列表框中选择所需字段添加到"选定字段"列表框中。

（3）单击"下一步"进入布局对话框，在 4 种布局方式中选择一种，单击"完成"按钮即可生成窗体。

4. 建立报表的方法

（1）打开数据库，选择"创建/报表"选项组的"报表向导"。

（2）在"报表向导"对话框中，单击"表/查询"下拉列表框的下拉箭头，从列表中选择一个数据表。从"可选字段"列表框中选择所需字段添加到"选定字段"列表框中。

（3）单击"下一步"进入排序对话框，选定一个字段，选择升序或降序。

（4）单击"下一步"进入布局对话框，选择"表格"布局方式，方向为"纵向"（也可以选择其他方式），单击"完成"按钮即可生成报表。

五、实验拓展与思考

（1）通过应用查询"设计视图"可以添加、删除字段，还可以修改、构造查询条件完成复杂的查询。将本实验 1-（4）题中学历的查询条件改为"本科"，基本工资改为 1500 以上。

（2）通过应用窗体"设计视图"可以调整布局，添加、删除字段，还可以应用工具箱添加控件来完善窗体，设计出功能齐全的交互界面。将本实验 2-（1）题所示窗体用"设计视图"进行修改，要求改为多列屏幕显示，修改后的结果参考图 1-13-11。

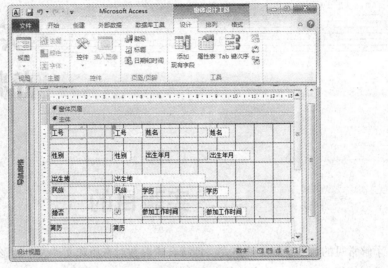

图 1-13-11 窗体设计视图界面

（3）通过应用报表"设计视图"可以调整报表布局，添加、删除字段，设置报表页眉、页脚、报表线条等，还可以应用工具箱添加控件来完善报表，设计出完整的报表。报表设计视图如图 1-13-12 所示。

图 1-13-12 报表设计视图

实验 14
音频处理

一、实验目的

（1）了解常见的数字音频文件格式，理解音频参数对音质和文件大小的影响。

（2）掌握使用 Goldwave 录音的基本方法。

（3）掌握 Goldwave 编辑音频和制作常见音频特效的基本方法。

（4）掌握 Goldwave 转换音频格式的方法。

二、实验内容与要求

1. 使用 Goldwave 录音和 mp3 编码

按表 1-14-1 的录音参数要求，用 Goldwave 进行录音。录音结束，首先把文件保存为 wav 格式，再把文件另存为 mp3 格式，对比不同录音参数和压缩编码对音质和文件大小的影响，结果填入表 1-14-1 中。

表 1-14-1　　　　　　　　　　不同录音参数的结果对比

录音参数/mp3 编码参数			录音文件			
采样频率 （Hz）	声道数	时间长度 （h:m:s.ms）	文件名	数据率 （kbps）	音质	文件大小 （KB）
44100	2	00:01:00.0	Record1.wav			
11025	2	00:01:00.0	Record2.wav			
Layer-3(ACM),44100 Hz, 224 kbps, joint stereo			Record1.mp3			
Layer-3(ACM),44100 Hz, 128 kbps, joint stereo			Record2.mp3			

2. Goldwave 音频编辑

Text.mp3 是一段文字朗读音频，Background.mp3 为一段背景音乐。请把文字朗读音频文件中 00:01:15~00:04:35 之间的片段和背景音乐合成为一个新的文件 tb_mix.mp3。

由于两个音频的音量不统一，背景音乐音量偏大，要求先调节背景音乐音量，合成后的文件可单独编辑（如替换背景音乐），并删除背景音乐中超出长度要求的部分。

三、实验关键知识点

1.　使用 Goldwave 录音

录音是音频素材的重要来源之一。使用 Goldwave 录音，先新建文件，根据需要设置合适的录音参数，包括采样频率、声道数和录音时间等，文件创建好后，利用"控制窗口"上的录音按钮录音。录音完成，把音频文件保存为所需的文件格式。

本实验设置了 2 组录音参数，文件保存为 wav 格式。实际中也可保存为其他格式的音频文件，但需要安装相应格式的音频编码器，如 mp3 的 Lame 编码器。

2.　Goldwave 音频编辑

音频素材往往需要经过编辑处理后，才能用于多媒体作品。编辑的范围可以是整个音频，也可以是音频的部分片段。可以同时编辑双声道，也可以编辑单个声道。如果编辑片段，需设置"开始标记（Start Marker）"和"结束标记（Finish Marker）"以确定操作片段。利用"声道切换"可选择编辑双声道还是单声道。

编辑操作包括：删除片段、裁切片段、保存片段、制作静音、插入静音、声道切换等，灵活使用粘贴功能可实现连接、插入、合成等效果。"复制（Copy）"或"剪切（Cut）"把选中的片段复制到剪贴板，"复制到（Copy To）"把声音片段直接复制为新文件，而"粘贴"时有 4 种方式可以选择：粘贴（Paste）、粘新（Paste New）、混音（Mix）和替换（Replace）。

特效处理包括：淡入淡出效果、制作回声、降噪、音量调节、音量定型、声音合成等。

本实验需要把文字朗读音频所需的片段先复制出来，再对背景音乐进行"音量调节"处理，然后把文字朗读音频的左声道和背景音乐的右声道混合，以保持音频的可编辑性，最后把超出长度需要的背景音乐删除。

四、实验操作引导

1.　使用 Goldwave 录音

录音之前，请检查声卡是否工作正常，并连接好麦克风。

启动 Goldwave，选择"File"→"New…"（Ctrl+N）或者工具栏上的"New（新建）"按钮，出现"New Sound"对话框，如图 1-14-1 所示。可单独设置声道数、采样频率和初始时间长度，也可直接在"Presets（预设）"列表中选择预存的参数。建议设置的录音时间要比所需的长一些。单击"OK"按钮完成文件创建。文件创建成功后，音频文件窗口上方的绿色波形为左声道，下方的红色波形为右声道。

单击"控制窗口"上的"录音"按钮▣开始录音。当对着麦克风说话时，编辑区里就出现了声音波形，如图 1-14-2 所示。在录制过程中，想暂停录音，可单击"Pauses recording（暂停录音）"

按钮 <u>II</u> ；要继续录音，再单击一次该按钮即可。

单击"Stops Recording（停止录音）"按钮 <u>■</u> 完成录音，利用控制窗口试听录制的声音，最后保存文件为 wav 格式。选择"File"→"Save As..."，把文件再保存为 mp3 格式。

重复 2 次，每次设置不同的参数完成录音，在 Windows 下查看文件属性，对比不同录音参数和压缩编码对音质和文件大小的影响。

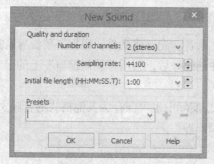

图 1-14-1　新建文件对话框

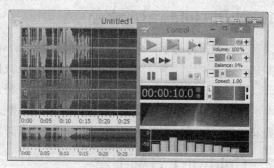

图 1-14-2　录音状态及控制窗口

2. Goldwave 音频编辑

（1）选取需要的音频片段

打开音频文件，在"音频文件"窗口的波形图上单击某一位置，该位置即被设置为选区的开始标记。在波形图后面想要设置结束标记的位置单击鼠标右键，在弹出的菜单中选择"Set Finish Marker（设置结束标记）"，开始和结束之间的部分就被选中。选区的背景是深蓝色，选区以外的背景为黑色。左右拖动开始标记或结束标记分割线可调整片段的起始或结束位置。创建好的选区如图 1-14-3（a）所示。

如果对开始时间和结束时间要求比较高，可在波形图上单击鼠标右键，选择"Selection"→"Set..."，在"设置标记"对话框中设置起始时间和结束时间。如图 1-14-3（b）所示。

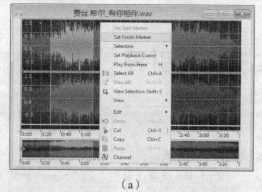

（a）

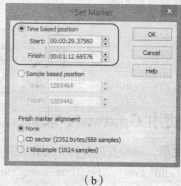

（b）

图 1-14-3　设置开始标记和结束标记

打开"Text.mp3"，设置片段的开始时间为 00:01:15，结束时间为 00:04:35，单击工具栏上的"Copy（复制）"按钮复制片段，再单击"Paste New（粘新）"按钮把选中的片段粘贴为新文件（新文件名"Untitled1"），把文件保存为"Text_p.mp3"。关闭"Text.mp3"音频窗口。

（2）调节音量

由于背景音乐的音量偏大，和文字朗读声音不是很协调。利用 Goldwave 先调节音量。

打开"Background.mp3"文件，单击"Effect（特效）"工具栏上的"Change Volume（调整音量）"按钮，打开"Change Volume"对话框，向左拖动滑块适当降低音量，保存文件。

（3）合成

为了让合成后的音频文件保持可编辑性，合成的基本思路是：把"Text_p.mp3"文件的左声道和"Background.mp3"文件的右声道合成在一起得到"tb_mix.mp3"文件。

① 选择"Text_p.mp3"文件的整个波形段，单击"Copy（复制）"按钮复制。

② 单击"Paste New（粘新）"按钮，得到一个和"Text_p.mp3"波形相同的新文件"Untitled2"。

③ 把"Untitled2"窗口切换为当前窗口，选择菜单"Edit（编辑）"→"Channel（声道）"→"Right（右声道）"选择"Untitled2"的右声道，单击"Del（删除）"按钮删除右声道，右声道波形消失。

④ 把"Background.mp3"窗口切换为当前窗口，选择菜单"Edit"→"Channel"→"Right"选择右声道，单击"Copy（复制）"按钮复制右声道。

⑤ 把"Untitled2"窗口切换为当前窗口，单击"Paste（粘贴）"，则"Background.mp3"的右声道粘贴到了"Untitled2"的右声道，完成合成。

⑥ 利用控制窗口试听合成的效果，可调节平衡滑块分别听左、右声道，就会发现文字朗读和背景音乐分别位于左、右声道。

⑦ 选择超出文字朗读的片段，单击工具栏上的"Del（删除）"按钮删除。

⑧ 最后把"Untitled2"保存为文件"tb_mix.mp3"。

五、实验拓展与思考

（1）实验中将"Text_p.mp3"的左声道和"Background.mp3"的右声道合成后得到"tb_mix.mp3"文件，如果要换一个背景音乐，请思考如何实现。

（2）实验中，将"Background.mp3"合成到"Text_p.mp3"文件时，是从起始位置开始的，背景音乐和文字朗读几乎同时开始，如果希望开始时先播放一段背景音乐，再出现散文朗读，朗读完毕，背景音乐再持续一小段时间，请思考如何实现。

（3）打开"Background.mp3"文件，执行"Copy（复制）"复制音频。打开"Text_p.mp3"文件，执行"Mix（混音）"，同样可把剪贴板中的音频和"Text_p.mp3"混合，这种合成方式和上面实验的切换声道合成方式相同吗？如果想给合成后的文件换一个背景音乐，可以实现吗？

（4）如果想把自己喜欢的音乐利用 Goldwave 制作为手机铃声，如何操作？

一、实验目的

（1）了解数字图像的技术参数及常见文件格式。
（2）了解图像处理软件的相关知识，掌握图像处理的基本方法。
（3）掌握选区创建工具的基本原理及使用方法。
（4）掌握图层、图层混合选项及图层样式的使用方法。
（5）掌握路径、通道和蒙版的基本概念、主要功能及使用方法。

二、实验内容与要求

利用提供的图片素材"小提琴.jpg、酒瓶和酒杯.jpg、云南红.jpg、蓝天.jpg、木塞子.jpg"合成"红色畅想"图像，完成后的最终效果及图层分布如图 1-15-1 所示。

图 1-15-1　红色畅想合成效果及其图层分布

三、实验关键知识点

1. 基本的图像编辑

基本的图像编辑包括：打开/保存文件，复制/粘贴图像，调整图像大小，旋转图像等。这些功能位于 Photoshop 的"文件""编辑"和"图像"菜单下。其中，"编辑"→"自由变换（Ctrl+T）"是非常常用的功能；而"编辑"→"变换"命令可用于旋转图像，"图像"→"旋转画布"命令可用于旋转画布。

2. 使用选区

选区是图像上的封闭区域，形状可以任意。如果只想处理图像上的某个区域，则应将该区域创建为选区。Photoshop 的选区创建工具较多，轨迹类的有"矩形选框工具、椭圆选框工具、套索工具、多边形套索工具"等；颜色类的有"磁性套索工具、魔棒工具"等；还可先利用路径工具创建路径，再把路径转换为选区，实际操作中应根据具体情况选择合适的工具。在创建选区的过程中，可选择多个不同的选区运算方式（新建选区、添加到选区、从选区减去、与选区交叉）。为避免创建的选区边缘较为生硬，可对选区边缘进行"羽化"处理。建议创建选区前先不要设羽化半径参数，选区创建好后，再打开"羽化选区"对话框进行羽化处理，这样一次羽化半径不合适，可再重新设置羽化半径。在合成图像时，羽化是常用的功能之一。

选区创建好后，可利用"选择"菜单下的"变换选区，存储选区，反向（反选选区），取消选区，载入选区"等功能对选区进行操作。

常说的"抠图"就是把图像中需要的部分创建为选区，利用复制等功能把选区内的图像提取出来，或者选取需要的部分后，再反选，把不需要的部分删除或使用橡皮擦擦除。

3. 使用图层

使用图层是图像处理非常重要的技术之一，其基本思想是把一幅完整图像的不同部分放在一些透明的层中来单独完成，最后把所有的层按一定的顺序和层次组合起来，就是一幅完整的图像。使用图层处理图像后期的可修改性较好，而且图层中的图像可设置图层样式，层和层之间还可使用不同的混合模式，使得图层叠加后产生很多丰富的效果。

Photoshop 中的图层类型较多，包括背景层、普通层、效果层、调节层、形状层、蒙版层、文本层等。一个文件只能有一个背景层，位于图层的最下方。背景层透明度不可更改、不可添加图层蒙版、不可使用图层样式，但可以与普通层相互转换。

利用"图层面板"可显示当前图像的所有图层及图层混合模式、不透明度等参数，并可以对图层进行调整和修改。图层样式主要有：投影、内阴影、外发光、内发光、斜面和浮雕、光泽、颜色叠加、渐变叠加、图案叠加、描边等。

4. 通道和蒙版

通道和蒙版是图像处理过程中比较重要的图像处理技术，应用非常广泛。

通道主要用于保存图像的颜色数据，当图像的颜色模式不同时，通道的数量和模式也会不同，如 RGB 颜色模式的图像有 1 个复合通道和 3 个单色通道。蒙版用来屏蔽图层中图像的某个部分，不会破坏图像，并且后期修改比较方便。蒙版的形状可以任意，可以是基于像素的图层蒙版，也可是基于矢量的矢量蒙版。蒙版作用于单个图层，不同的图层可以使用不同的蒙版，但一个图层只能有一个蒙版。

5. 使用路径

路径是由多个节点组成的矢量线段，可以是开放的，也可以是闭合的，其特点是容易编辑。图像处理时闭合路径使用较多。当常规选区创建工具不太容易选取对象时，可以使用"钢笔工具"先绘制闭合路径，再结合"直接选择工具、转换点工具、添加锚点工具、删除锚点工具"等对路径进行编辑，完成后再将路径转换为选区。

四、实验操作引导

本实验涉及选区创建，图像变换，图层组织，图层混合选项，图层样式，使用文字，创建剪贴蒙版等知识点。主要内容有两个，一是利用"图层"→"图层样式"→"混合选项"命令，将小提琴图片与画面背景混合，制作出小提琴穿过云层的效果；二是在画面中输入文字后，利用"图层"→"创建剪贴蒙版"命令制作图案文字效果。

1. 从原始图像中获取素材

（1）打开"小提琴.jpg"，观察发现小提琴外观并不规则，而小提琴和背景的颜色差异较大，且背景颜色统一，利用"魔棒工具"选取小提琴比较合适，在"魔棒工具"的选项栏上，多尝试"容差"参数的设置，理解"连续"选项的作用。

选取背景后应执行"选择"→"反向"才能选中小提琴，之后执行"选择"→"修改"→"羽化"对选区进行羽化处理，接着执行"图层"→"新建"→"通过拷贝的图层（Ctrl+J）"把选中的小提琴复制为新的图层，再执行"图层"→"复制图层"打开复制图层对话框，在对话框的"文档"后选择"新建"，小提琴所在图层经复制得到新文件，在新文件中对小提琴进行缩放和倾斜校正，文件保存为"小提琴.psd"。完成前后对比如图 1-15-2 所示。

图 1-15-2　完成的"小提琴"素材

（2）打开"酒瓶和酒杯.jpg"，提取需要的酒瓶和酒杯。由于酒杯和酒瓶的边沿较平滑，和背景颜色也有差异，选区工具的选用比较灵活。酒杯可使用"魔棒工具"选取，酒瓶使用"钢笔工具"绘制路径，再把路径转换为选区。其它处理过程和小提琴类似，得到的酒杯素材保存为"酒杯.psd"，酒瓶素材保存为"酒瓶.psd"。完成前后对比如图 1-15-3 所示。

图 1-15-3　完成的"酒瓶和酒杯"素材

（3）打开"木塞子.jpg"，使用"钢笔工具"绘制路径，再把路径转换为选区。其他处理过程和小提琴类似，得到的木塞子素材保存为"木塞子.psd"。完成前后对比如图 1-15-4 所示。

图 1-15-4　完成的"木塞子"素材

（4）打开"酒瓶.psd"，"木塞子.psd"，"云南红.jpg"。把"云南红"标贴和"木塞子"复制到"酒瓶"文件。标贴经变形后贴到酒瓶上，木塞子经变形后放到酒瓶边上，再把酒瓶、标贴和木塞子 3 个图层合成为一个图层，文件另存为"酒瓶和木塞子.psd"。完成前后对比如图 1-15-5 所示。

图 1-15-5　完成的"酒瓶和木塞子"素材

2. 图像合成

（1）打开"蓝天.jpg"文件，将"小提琴.psd"文件中的小提琴移动复制到"蓝天.jpg"文件中，图层命名为"小提琴"，并调整小提琴至合适的位置和大小，如图1-15-6所示。

选取菜单"图层"→"图层样式"→"混合选项"命令，在"图层样式"对话框中，按住Alt键，拖动"下一图层"色标右边的三角形按钮，两个按钮分别调整，如图1-15-7所示。确定后制作出小提琴与天空背景相混合的效果，如图1-15-8所示。

图1-15-6　小提琴大小和位置

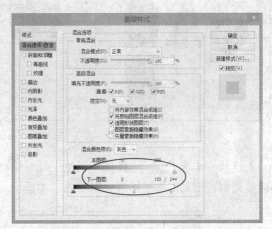

图1-15-7　图层混合选项设置

（2）复制"小提琴"图层，新图层命名为"小提琴倒影"，利用"编辑"→"变换"→"垂直翻转"命令将小提琴垂直翻转。接着把"小提琴倒影"图层中的图像垂直向下移动，调节不透明度为40%，形成小提琴在水中的倒影效果，把"小提琴倒影"图层移动到"小提琴"图层的下方，如图1-15-9所示。

图1-15-8　小提琴与天空混合

图1-15-9　小提琴倒影效果

（3）打开"酒瓶和木塞子.psd""酒杯.psd"文件，把"酒瓶和木塞子""酒杯"复制到"蓝天.jpg"文件中，并调整至合适的大小和位置，图层分别命名为"酒杯""酒瓶"。利用制作小提琴倒影的方法，制作出酒瓶与酒杯的倒影效果，图层分别命名为"酒杯倒影""酒瓶倒影"，如图1-15-10所示。

（4）选中"酒杯"图层，把"酒杯"上方没有酒的地方选中，如图 1-15-11 所示。选择菜单"图层"→"新建"→"通过剪切的图层（Shift+Ctrl+J）"将选中的区域通过剪切生成新的图层，命名为"酒杯透明部分"，调节不透明度为 15%，目的是使酒杯无酒的区域有一定的透明效果。

图 1-15-10　全部素材倒影效果

图 1-15-11　酒杯选区

（5）利用"横排文字工具"输入白色的文字"红色畅想"，设置文字字体，得到文字层。选择菜单"编辑"→"变换"→"旋转 90 度（逆时针）旋转文字，结果如图 1-15-12 所示。选取菜单"图层"→"图层样式"→"投影"命令，在"图层样式"对话框中进行设置，如图 1-15-13 所示。

图 1-15-12　输入文字

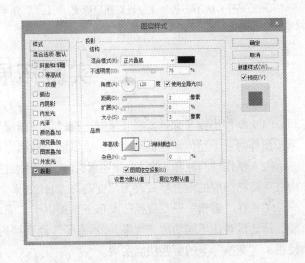

图 1-15-13　投影样式设置

（6）选择"背景层"，利用"矩形选框工具"绘制一个选区，大小如图 1-15-14 所示。选择菜单"图层"→"新建"→"通过复制的图层（Ctrl+J）"命令，将选区中的图形通过复制生成新图层，命名为"背景选区图层"，并将其放到文字层的上面，如图 1-15-15 所示。选择菜单"编辑"→"自由变换"，调整"背景选区图层"的图像大小至如图 1-15-16 所示，确认变换。

（7）选择"图层"→"创建剪贴蒙版"命令，为当前图层与下面的文字图层创建蒙版，完成合成。效果及其图层组成如图 1-15-17 所示。保存文件为"红色畅想.psd"。

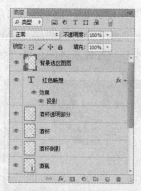

图 1-15-14　背景层选区　　　　图 1-15-15　背景选区图层

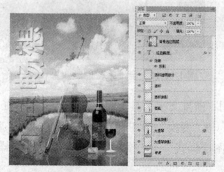

图 1-15-16　设置文字投影图层样式　　　图 1-15-17　完成效果及图层组成

五、实验拓展与思考

（1）制作小提琴穿过云层效果时，把"下一图层"右侧的按钮通过按住 Alt 键分开调节，如果按钮作为一个整体向左拖动调节，尝试能否做出穿透云层的效果。

（2）制作"酒瓶和木塞子.psd"素材时，"云南红"标贴图层未使用任何混合模式，请把"云南红"标贴图层的混合模式改为"变亮"，对比效果。

（3）在"编辑"→"变换"菜单下，提供了"缩放、旋转、斜切、扭曲、透视、变形"等功能，请尝试对比不同功能的效果。"木塞子"经变换后放到酒瓶边上，"云南红"标贴贴在酒瓶上，使用了"变换"下的哪些功能实现。

（4）"红色畅想"文字层如果不添加"投影"图层样式，请对比效果。

（5）实验中创建"剪贴蒙版"之前把"背景选区图层"中的图像进行了大小变换。如果不进行变换，请对比效果。

实验 16
Flash 动画制作

一、实验目的

（1）了解动画的基本原理，以及 Flash 动画的特点和用途。

（2）掌握导入动画素材以及在时间轴上组织不同动画素材的基本方法。

（3）熟悉 Flash 的基本动画制作方式以及元件的使用方法。

（4）掌握在 Flash 中使用音频的方法。

（5）掌握 Flash 动画发布的方法。

二、实验内容

1. 天使变魔鬼

利用"圣诞背景.jpg"和"天使.wmf""魔鬼.wmf"图片制作一个天使变魔鬼的变形动画。完成的文件保存为"天使变魔鬼.fla"，动画效果和时间轴如图 1-16-1 所示。

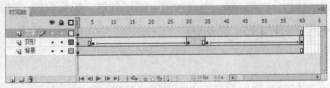

图 1-16-1 "天使变魔鬼"动画效果及其时间轴

2. 飞机飞行

巍巍群山，茫茫云海，轻烟似的白云缓缓飘过，一架飞机由近而远的飞去，渐渐消失在远方。利用"山峰.jpg""飞机.png"和"白云.png"制作一个飞机飞行动画。完成的文件保存为"飞机飞行.fla"，动画效果和时间轴如图 1-16-2 所示。

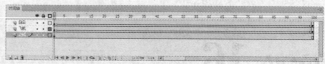

图 1-16 - 2　　"飞机飞行"动画效果及其时间轴

3. 西湖风景

利用"胶片.png"和"西湖 1.jpg"～"西湖 4.jpg"序列图片制作一个动画，产生透过电影胶片欣赏西湖美丽风景的效果，要求西湖风景会左右移动。完成的文件保存为"西湖风景.fla"，动画效果和时间轴如图 1-16-3 所示。

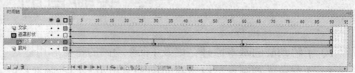

图 1-16 - 3　　"西湖风景"动画效果及其时间轴

三、实验关键知识点

Flash 的基本动画包括逐帧动画和补间动画两大类，补间动画又分为形状补间动画和动画补间动画。遮罩动画和引导路径动画则是制作动画特效的不同方法。

制作 Flash 动画时，在时间轴的帧上可使用不同类型的动画元素制作动画。帧包括关键帧、空白关键帧和普通帧 3 种类型。关键帧定义了动画的变化环节，每个关键帧需要设置一幅单独的画面，用黑色圆点表示。空白关键帧是无内容的关键帧，用圆圈表示。普通帧指时间轴上的一个方块，帧中不记录内容，表示前一个关键帧内容的延续。用户可以在舞台中编辑当前关键帧的内容，包括设置对象的大小、透明度、变形的方式和方向等。关键帧中的动画元素可以是矢量图形、位图图像、文字对象、声音对象、按钮对象、影片剪辑、动作脚本语句等。

1. 基本动画制作

（1）逐帧动画。

逐帧动画的原理是在"连续的关键帧"中分解动画动作，也就是在每一帧中设置不同的画面，在时间轴上表现为连续出现的关键帧，基本制作方法是：把反映动作变化的画面依次插入到某个图层的连续的帧上，直到结束。由于每个帧上都有画面，几乎可以表现任何想表现的内容，尤其适合于表现细腻的动画，如小鸟扇动翅膀、豹子奔跑的动作等。

（2）形状补间动画。

形状补间动画的基本原理是在一个关键帧中绘制一个形状，然后在另一个关键帧中更改该形状或绘制另一个形状，根据二者之间的形状变化来创建动画。Flash 会根据两个关键帧中形状的不同自动创建一些过渡帧，实现形状渐变。使用"形状提示"功能可控制变形位置，使 Flash 在计算变形过渡时依据一定的规则进行，从而有效地控制变形过程。

形状补间动画可以实现两个图形之间颜色、形状、大小、位置的相互变化，使用的元素多为绘制的形状。如果使用图形元件、按钮、文字等，则必先"分离"才能创建变形动画。

（3）动画补间动画。

动画补间动画的对象必须是"元件"或"成组对象"。运用动画补间动画，可以设置元件的大小、位置、颜色、透明度、旋转等属性。

在一个关键帧上放置一个元件，在另一个关键帧改变这个元件的大小、颜色、位置、透明度等，Flash 根据二者之间的帧创建的动画被称为动画补间动画。构成动画补间动画的元素是元件，包括影片剪辑、图形元件、按钮、文字、位图、组合等，但不能是形状，只有把形状"组合"或者转换成"元件"后才可以做动画补间动画。

（4）遮罩动画。

遮罩技术通过在遮罩层上创建一个任意形状的"视窗"，遮罩层下方的对象可以通过该"视窗"显示出来，而"视窗"之外的对象将不会显示，从而实现一些特殊的效果。Flash 中没有专门的功能来创建遮罩层，遮罩层是由普通图层转化而来的。一旦创建了遮罩层，系统会自动把遮罩层下面的一层关联为"被遮罩层"。如果想关联更多层被遮罩，只要把这些层拖到被遮罩层下面即可。

遮罩层中的图形对象在播放时是看不到的，遮罩层中的内容可以是按钮、影片剪辑、图形、位图、文字等，但不能使用线条，如果一定要用线条，可以将线条转化为"填充"。被遮罩层中的对象只能透过遮罩层中的对象被看到，在被遮罩层中，可以使用按钮、影片剪辑、图形、位图、文字、线条。

可以在遮罩层、被遮罩层中分别或同时使用形状补间动画、动画补间动画、引导线动画等动画手段，从而使遮罩动画变成一个可以施展无限想象力的创作空间。

（5）引导路径动画。

引导路径动画的基本思想是在一个图层中绘制路径，引导另一图层中的对象沿着路径运动。这种动画可以使一个或多个元件完成曲线或不规则运动。最基本的引导路径动画由两个图层组成，上面一层有设计好的运动轨迹（引导线），称为引导层，下面一层是被引导层，被引导层中的对象要"附着"在引导层的运动轨迹上才能产生引导动画。

由于引导动画是使一个运动动画"附着"在"引导线"上，所以操作时特别得注意"引导线"的两端，被引导的对象起始、结束的 2 个"中心点"一定要对准"引导线"的 2 个端头，这一点非常重要，是引导线动画顺利运行的前提。

2. 使用元件

元件（Symbol）是一些可以重复使用的图像、动画或者按钮，它们被保存在"库"中。实例（Instance）是出现在舞台上或者嵌套在其他元件中的元件。使用元件可以使影片的编辑更加容易，元件做出修改，程序就会自动更新该元件的所有实例。

在影片中，运用元件可以显著地减小文件的尺寸。保存一个元件比保存每一个出现在舞台上的元素要节省更多的空间。例如把静态的图（如背景图像）转换成元件，就可以减小影片文件的大小。利用元件还可以加快影片的播放，因为一个元件在浏览器上只下载一次即可。Flash 中的元件有以下 3 种。

（1）影片剪辑元件：影片剪辑元件是一个独立的小影片，完全独立于主场景时间轴并且可以重复播放，它可以包含交互控制和音效，甚至能包含其他的影片剪辑。

（2）按钮元件：按钮元件其实是一个只有四帧的影片剪辑，能在影片中对鼠标事件如"单击"做出响应。按钮可制作成不同的形状，通过给按钮添加动作语句、添加音效可在动画中实现强大的交互性。

（3）图形元件：图形元件是可以重复使用静态图像。还能用来创建动画，在动画中也可以包含其他的元件，但是不能加上交互控制和声音效果。

四、实验操作引导

1. 天使变魔鬼

动画方式为"形状补间动画"。制作时在一个关键帧中放"天使"图片，在后面一个关键帧中放"魔鬼"图片，并在两个关键帧间创建形状补间动画实现变形。为了让变形效果过渡更自然，"天使"出现时，先持续一小段时间，再逐渐变成"魔鬼"，"魔鬼"持续一小段时间，又逐渐变回"天使"。

（1）新建文件，参数默认，把"图层 1"重命名为"背景"，导入"圣诞背景.jpg"图片放到"背景"层的第 1 帧，利用"任意变形工具"调整背景图片大小充满舞台。选中第 60 帧，按 F5 键插入普通帧。让动画在 60 帧内完成，背景图片从第 1 帧持续到第 60 帧。

（2）新建名称为"变形"的图层，在第 1 帧处按 F7 键插入空白关键帧，导入"天使.wmf"图片到舞台，利用"任意变形工具"调整大小和位置，选择菜单"修改"→"分离（Ctrl + B）"把图片分离，选中第 5 帧，按 F6 键插入关键帧，操作完成。第 5 帧和第 1 帧的内容完全一样，目的是为了使制作的天使出现时有一定的持续时间。

（3）选中"变形"图层的第 30 帧，按 F7 键插入空白关键帧，导入"魔鬼.wmf"图片到舞台，利用"任意变形工具"调整大小和位置，选择"修改"→"分离（Ctrl + B）"把图片进行分离，选中第 35 帧，按 F6 键插入关键帧，操作完成。第 35 帧和第 30 帧的内容完全一样，目的是为了制作天使变成魔鬼后，魔鬼有一定的持续时间。

（4）选中"变形"图层的第 60 帧，按 F7 键插入空白关键帧，把第 1 帧复制到第 60 帧。即第 60 帧出现的是"天使"。

（5）依次选中"变形"图层的第 5 帧和第 35 帧，在"属性"面板的"补间"后选择"形状"制作变形动画，5～30 帧为"天使变魔鬼"，35～60 帧为"魔鬼变天使"。

（6）新建"文字"层，在第 1 帧处用文字工具输入文字，设置字体颜色和大小，选中第 60 帧，按 F5 键插入普通帧，完成制作。

（7）保存文件为"天使变魔鬼.fla"，按 Ctrl+Enter 组合键测试影片，选菜单择"文件"→"发布"发布动画（fla→swf）。

2. 飞机飞行

动画方式为"动画补间动画"。其中包括"白云"飘动效果和"飞机"飞行效果两个动画，白云飘动效果只需使用两个关键帧，并调整两个关键帧中"白云"的位置不同即可。飞机飞行效果要制作飞机向远处飞去，并逐渐变小、消失的效果，故实现飞机飞行的两个关键帧中"飞机"的大小、位置和颜色（Alpha）都不一样。动画补间动画要求使用元件制作，所以要把"飞机.png"和"白云.png"图片制作（转换）为元件。

（1）新建文件，尺寸为 650 像素×255 像素，背景色为白色，其他参数默认。

（2）把"图层 1"重命名为"山峰"，把"山峰.jpg"图片导入到舞台，利用"任意变形工具"调整图片的大小，使之充满整个舞台。选中第 100 帧，按 F5 键插入普通帧。

（3）制作"飞机"图形元件。

新建图层，命名为"飞机"，选中第 1 帧，把"飞机.png"图片导入到舞台。选择"修改"→"变形"→"水平翻转"把飞机图片翻转，调整飞机的大小和位置，此位置是飞机进入画面的位置。在舞台上选中飞机图片，选择菜单"修改"→"转换为元件（F8）"把图片转换为元件，元件名称为"飞机"，类型为"图形"元件。此时第 1 帧处的"飞机"就不是图片了，而是"飞机"图形元件的实例。

（4）制作飞机飞行效果。

选中"飞机"图层的第 1 帧，在舞台上选中"飞机"实例，在"属性"面板的"颜色"处选择 Alpha，后面输入数字 80%。在 100 帧处，按 F6 键插入关键帧，并按比例缩小飞机尺寸（选择"任意变形工具"，同时按下 Shift 键和 Alt 键，再利用变形控制点调整），Alpha 值调为 20%，把飞机位置调整到消失的位置。选中第 1 帧，在"属性"面板"补间"处选择"动画"，飞机从近到远，逐渐变小、消失的运动效果就制作出来了，共使用 100 帧完成。

（5）制作"白云"图形元件。

新建图层，命名为"白云"，把"白云.png"图片导入到舞台。调整图片的大小和位置，并把其转换为图形元件"白云"，请参考"飞机"元件的制作。

（6）制作白云飘动效果。

参考飞机飞行效果的制作。

（7）保存文件为"飞机飞行.fla"，并发布动画。

3. 西湖风景

利用"动画补间动画"结合遮罩制作特殊效果。四张风景画经过调整大小、组合后转换为图形元件，并制作其左右移动的动画效果；遮罩使用了 3 个绘制的矩形形状。

（1）新建文件，背景选择绿色（RGB 0，255，0），其他参数默认。

（2）制作"胶片"图形元件。

把"图层 1"重命名为"胶片"，选中第 1 帧，把"胶片.png"图片导入到舞台，调整其大小和位置，按 F8 键把其转换为图形元件，名称为"胶片"。选中第 90 帧，按 F5 键插入普通帧，让胶片从第 1 帧到 90 帧一直持续。

（3）制作"西湖风景"图形元件。

新建图层"风景"，把"西湖 1.jpg"~"西湖 4.jpg"4 张西湖风景画拖动到舞台，调整大小和位置，图片的大小和胶片中间区域接近，并首尾拼接，连成一排，选择菜单"修改→组合（Ctrl+G）"命令把 4 张风景图片组合成一个整体，按 F8 键将其转换为图形元件，名称为"西湖风景"。

（4）制作风景画移动效果。

选中"风景"图层，在 30、60、90 帧处按 F6 键插入关键帧，调整各帧风景画的位置，每个关键帧中的风景画只需调整水平位置即可，保证是在一条水平线上左右移动。在第 1、30、60 帧上创建"动画补间动画"形成风景画左右移动的效果。

（5）制作遮罩形状。

新建名为"遮罩形状"的图层，在第1帧，利用"矩形工具"绘制1个矩形，边框颜色无，填充颜色蓝色，调整大小为比胶片中间区域稍小，位置为胶片垂直方向中央，复制矩形，粘贴2次，得到3个矩形。调整3个矩形在胶片上的分布位置，如图1-16-4所示。

（6）制作遮罩动画。

选择"遮罩形状"层，单击鼠标右键，在弹出的菜单中选择"遮罩层"，"遮罩层"中的矩形变为透明，可透过其看到下面的风景。

（7）新建图层"文字"，在第1帧利用"文本工具"输入文字"西湖风景"，设置字体、颜色和大小，调整位置，利用"滤镜面板"设置阴影效果。

（8）保存文件为"西湖风景.fla"，并发布动画。

图1-16-4　3个矩形作为遮罩形状

五、实验拓展与思考

（1）"天使变魔鬼"动画中，"天使"和"魔鬼"图片如果不执行"分离"操作，变形动画能否成功？从中总结变形动画的制作要点。

（2）"飞机飞行动画"中如果"飞机"图片不转换为元件，能否制作出飞向远处逐渐消失的效果？

（3）"西湖风景"动画中，使用了3个矩形框作为遮罩，请使用其他形状的遮罩尝试效果。

（4）如果要求你为一动画短片制作片尾字幕效果，文字从屏幕下方逐渐上移，且颜色由浅到深，并逐渐从屏幕上方消失，可采用的方法有哪些？实际操作试试。

实验 17
HTML 的应用

一、实验目的

（1）了解 HTML 文件的组成。

（2）掌握 HTML 常用标记的含义，能够理解并正确设定各种标记的常用属性。

（3）能够利用 HTML 编写简单网页，并实现部分特效。

（4）掌握 CSS 格式化网页内容的基本方法。

二、实验内容与要求

1. 网页文本格式

使用基本的 HTML 标记，实现如图 1-17-1 所示的网页，并实现下列效果。

（1）网页选项卡（网页标题）显示为"网页文本格式实验"。

（2）标题文字使用标题一号。

（3）作者文字使用绿色、隶书，其他字体默认。

（4）两行诗之间要求空 2 行。

（5）"作者小传"前面空 4 格。

（6）"王勃"两个字加粗。

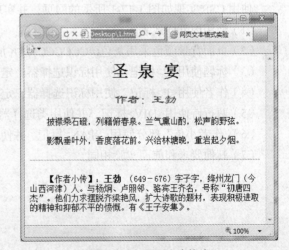

图 1-17-1　网页文本格式

2. 表格与超链接

使用基本的 HTML 标记，实现如图 1-17-2 所示的网页，并实现下列效果。

（1）表格显示边框线。

（2）除"与我们联系"右对齐外，其他列均居中对齐。

（3）单击"与我们联系"，能够打开本地电子邮件客户端程序，并发送电子邮件。

（4）单击详细介绍的"查看"能弹出一个新的窗口打开该动物的介绍。

动物列表					
中文学名	英文名称	类别	照片	分布	详细介绍
白鹳	Ciconia ciconia	鸟类		中欧和南欧、非洲西北部和亚洲西南部	查看
东北虎	Panthera tigris altaica	兽类		俄罗斯西伯利亚南部、朝鲜和中国东北	查看

图 1-17-2　表格与超链接

3. 网页表单

使用基本的 HTML 标记，实现如图 1-17-3 所示的网页，并实现下列效果。

（1）输入密码时输入框中显示为"*"。

（2）性别单选按钮默认放置在"女"上。

（3）复选框"体育"默认被选中。

（4）"个人说明"部分使用多行文本。

（5）单击"注册"能跳转到"register.php"网页，单击"重写"按钮可以清除所有已填写项目。

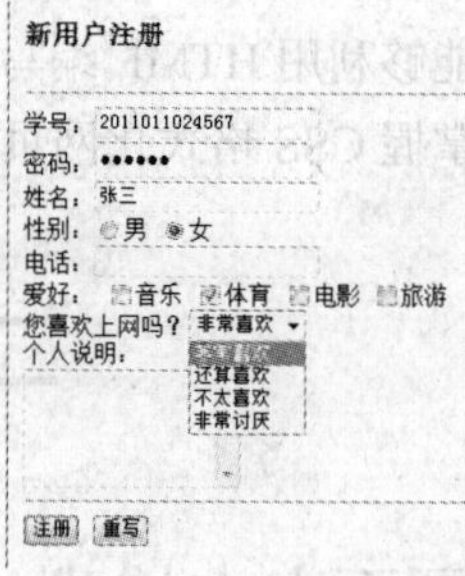

图 1-17-3　表单

4. 使用 CSS 格式化网页

使用 CSS 实现如图 1-17-1 所示的网页，并实现下列效果。

（1）使用内部样式表完成。

（2）页面背景颜色采用灰色(#CCCCCC)，并加入背景图片" bg.gif "。

（3）标题使用<P>标记，使用标识选择器，定义字体为宋体、加粗，大小为 24 像素。

（4）作者使用<P>标记，使用标识选择器，定义字体为隶书、绿色、大小为 18 像素。

（5）两行诗使用<DIV>标记，并使用类选择器，字体默认，文字大小为 14 像素。

（6）"作者小传"部分使用<SPAN>标记，并使用类选择器让"王勃"两个字加粗及变成红色。

（7）其他要求和前面实验相同。

三、实验关键知识点

1. 网页文本格式主要标记

（1）网页中的空格：空格是 HTML 中最普通的字符实体（字符实体见配套教材《大学计算机基础（第 2 版）》9.3.1 小节），要想在文档中增加空格，就要使用字符实体标记 " "。

（2）网页属性：使用<BODY>标记网页中的属性。例如，"bgcolor"：背景颜色属性，将背景设置为某种颜色；"Text"：定义 body 内部文本的颜色等。

（3）网页文字标题：标题是通过<H1>到<H6>等六个标记进行定义的。常用属性为 "align"，表示段落对齐方式，可以取值为 left、center、right，如果不写的话，默认为左对齐。

（4）网页段落：使用标记为<P>，浏览器会自动地在段落的前后添加空行。属性 "align" 表示段落对齐方式，如果不写的话，默认为左对齐。

（5）换行标记：使用
标记。

（6）格式化字体标记：<B>粗体，<I>斜体等。

（7）字体标记：使用<FONT>标记，该标记规定文本的字体、字体尺寸、字体颜色等。

（8）注释：需要注释的内容放在<!-- 和 --> 里面。

2. 表格与超链接主要标记

（1）表格：使用标记<TABLE>。<TR>标记定义表格行，<TH>标记定义表头，<TD>标记定义表格单元。属性 "align" 为单元格水平对齐方式，可以使用 left, center, right 等值；属性 "border" 表示表格边框宽度，单位为像素。

（2）超链接：使用标记为<A>。属性 "href" 定义链接跳转的 URL 地址；属性 "target" 定义打开链接的方式，使用_blank 表示在新的窗口中打开。

3. 网页表单主要标记

（1）表单：使用<FORM>标记。属性 "method" 确定通过何种方式将信息发送到服务器上；属性 "action" 指明服务器端的哪个程序对提交的信息进行处理。

（2）输入控件：使用<INPUT>标记。属性 "type" 用于区分不同的表单对象，值为 text 表示为文本域，值为 password 表示为密码框，值为 button 表示为按钮，值为 checkbox 表示为复选框，值为 radio 表示单选按钮。属性 "checked" 说明该对象首次加载时应当被选中。

（3）下拉框：使用< SELECT>标记。<OPTION>标记，用来定义下拉列表中的一个选项。

4. CSS 背景、字体属性

（1）内部样式表使用 HTML 中的<STYLE>标记。通常，该标记位于<HEAD>标记内。

（2）CSS 选择器最常用的类型有类型选择器和后代选择器。要想对特定标记或者特定的一组标记应用特殊的样式，可以使用类选择器及标识选择器，即在标记中使用 "class" 和 "id" 两个属性。定义类选择器的方法就是在自定类的名称前面加一个点号，定义标识选择器要在 "id" 名前加上一个 "#" 号。

（3）CSS 定义背景颜色使用"background-color"属性，属性值可以用颜色表示法、RGB 颜色表示法等来表示。定义背景图片使用"background-image""background-repeat"等属性。

（4）CSS 定义字体使用"font"属性，定义文本使用"text"属性。

（5）<SPAN>和<DIV>标记用于组织和结构化文档，经常与"class"和"id"属性一起使用。

四、实验操作引导

1. 网页文本格式

在记事本里面，输入图 1-17-4 所示的 HTML 代码。

```
<html>
 <head>

     <title>这里是网页的标题</title>
 </head>
<!-- 以下设置网页背景色和文本默认颜色等，#ffffff 为全白色 -->
<body bgcolor="#ffffff" text="填入默认文本颜色" background="bg.gif">
 <h1 align="要求居中">圣 泉 宴</h1>
 <p align="center">
 <!--以下设置文字，face 设置字体属性，例如宋体 -->
 <font face="填入要求的字体" size="5" color="green">作者：王勃 </font>
 </p>
 <p align="center">
 披襟乘石磴，列籍俯春泉。兰气熏山酌，松声韵野弦。<br /> <br />
 影飘垂叶外，香度落花前。兴洽林塘晚，重岩起夕烟。
 </p>
 <hr>
 <p>
要求空四格，填入字符实体【作者小传】：<b>王勃</b>（649－676）字子字，
绛州龙门（今山西河津）人。与杨炯、卢照邻、骆宾王齐名，号称"初唐四杰"。
他们力求摆脱齐梁艳风，扩大诗歌的题材，表现积极进取的精神和抑郁不平的愤慨。
有《王子安集》。
 </p>
 <body>
 </html>
```

图 1-17-4　网页文本格式代码

2. 表格与超链接

在记事本里面，输入图 1-17-5 所示的 HTML 代码。

```
<html>
<head>
    <title>超链接、多媒体、表格布局</title>
</head>
<body>
<!-- 以下设置表格，Width 为宽度，可以使用像素或者百分比 -->
    <table width="要求使用百分之 98" 要求使用边框 align="center">
      <tr height="35">
          <!-- colspan rowspan 为跨列 跨行数量 -->
          <td colspan="填入跨列数量" align="center"><strong>动物列表</strong></td>
      </tr>
      <tr height="30">
          <th width="80px" align="center">中文学名</th>
          <th width="80px" align="center">英文名称</th>
          <th width="80px" align="center">类别</th>
          <th align="center">照片</th>
          <th width="100px" align="center">分布</th>
          <th width="80px" align="center">详细介绍</th>
      </tr> <tr>
          <td align="center">白鹳</td>
          <td align="center">Ciconia ciconia</td>
          <td align="center">鸟类</td>
          <td align="center">
          <img src="填入图片的文件名" width="110" height="97" /></td>
          <td align="center">中欧和南欧、非洲西北部和亚洲西南部</td>
          <td align="center">
            <a href="../baiguan.html" target="填写相应的值能打开新网页"">查看</a>
          </td>
      </tr>
       <tr>
        <td align="center">东北虎</td>
        <td align="center"> Panthera tigris altaica</td>
        <td align="center">兽类</td>
        <td align="center"><img src="dongbeihu.jpg" width="110" height="88" /></td>
        <td align="center">俄罗斯西伯利亚南部、朝鲜和中国东北</td>
        <td align="center"><a href="../dongbeihu.html" target="_blank">查看</a></td>
      </tr>
       <tr>
        <td colspan="6" align="right"><a href="填入信息能发送邮件">与我们联系</a>
      </tr>
    </table> </body>
</html>
```

图 1-17-5　表格与超链接代码

3. 网页表单

在记事本里面，输入图 1-17-6 所示的 HTML 代码。

```
<html>
  <head>
      <title>表单标记实验</title>
  </head>
<body >
   <form action="register.php" method="填写提交表单方式">
     <h3>新用户注册</h3>
     <hr width=" 80%" >
   学号: <input type="text" name="studentid"> <br>
   密码: <input type="填写密码类型" name=pwd> <br>
   姓名: <input type="text" name="username"> <br>
   性别: <input type="radio" name="sex" value="boy"> 男
         <input type="radio" name="sex" value="girl" 填写默认为选中>女<br>
   电话: <input type="text" name="phone"><br>
   爱好: <input type="checkbox" name="check1" value="music" >音乐
         <input type="checkbox" name="check1" value="gem" checked>体育
         <input type="checkbox" name="cheek1" value="film" >电影
         <input type="checkbox" name="check1" value="travel" >旅游
         <br>  您喜欢上网吗?
         <select name="like">
             <option value="非常喜欢">非常喜欢
             <option value="还算喜欢">还算喜欢
             <option value="不太喜欢">不太喜欢
             <option value="非常讨厌">非常讨厌
         </select>
     <br /> 个人说明: <br />
     <textarea name="introduce" cols="填写列数" rows="5"> </textarea>
     <br>
     <hr width="80%">
     <input type="submit" name="SubmitBT" value="注册">
     <input type="reset"  name="ResetBT" value="重写">
    </from>
  </body>
</html>
```

图 1-17-6 网页表单代码

4. CSS 格式化网页

在记事本里面，输入图 1-17-7 所示的 HTML 代码。

```
<html>
    <head> <title> CSS 格式化网页实验</title>
    < 内部样式表标记 >
        body {
            background-color:#CCCCCC;
            background-image:url("bg.gif");
        }
        #title {
            font-family:填入要求的字体;
            填入加粗属性:bold;
            font-size:24px;
        }
        #author { font-family:隶书; color:green; font-size:18px;}
        .content { font-size:14px;}
        .notice {color:red;font-weight:bold;}
    </style> </head>
<body>
    <p id="填入标识名称">圣 泉 宴</p>
    <p id="author">作者：王勃</p> <div 填入类选择器属性>
    披襟乘石磴，列籍俯春泉。兰气熏山酌，松声韵野弦。<br><br>
    影飘垂叶外，香度落花前。兴洽林塘晚，重岩起夕烟。
    </div> <hr>
    < div >
    【作者小传】：<span class="notice">王勃</ span>（649-676）字子字，
绛州龙门（今山西河津）人。与杨炯、卢照邻、骆宾王齐名，号称"初唐四杰"。他们力求摆脱齐梁艳风，扩大诗
歌的题材，表现积极进取的精神和抑郁不平的愤慨。有《王子安集》。
    </div><body> </html>
```

图 1-17-7 CSS 格式化网页代码

五、实验拓展与思考

（1）如何在"表格与超链接"实验中添加一个动画视频，视频的格式为 avi。

（2）如何在"网页表单"实验中添加背景音乐，音频的格式为 mp3。

（3）如何使用 CSS 设置图片的边框。

实验 18
Dreamweaver 制作网页

一、实验目的

（1）熟悉 Dreamweaver 编辑环境，掌握本地站点的创建方法。

（2）掌握在页面中插入多媒体对象的方法，能熟练对文本格式化并设置图片的各项属性。

（3）掌握网页各种类型超链接的创建方法。

（4）熟悉网页各种定位和布局技术，熟练掌握表格、布局表格、层和框架的使用方法。

（5）能够创建和应用简单的 CSS 样式对页面进行格式化。

二、实验内容与要求

1. 站点和页面文件的建立

（1）建立一个站点

在非系统盘（例如 D 盘）创建一个文件夹，作为站点的根文件夹。使用 Dreamweaver 的定义站点功能，将该文件夹定义为网站根文件夹，并在其中建立一个名为"images"的子文件夹，用于存放网站中用到的图片。

（2）在站点内完成对网页的管理

① 在站点内建立一个网页文件"test.html"，建立成功后，删除该文件。

② 在站点内部新建页面"index.html"。

2. 文本的录入、格式化以及超链接的创建

（1）文本的录入、格式化。

创建一个新的页面文件"Text.html"，在页面内输入或导入一篇文字，并将其格式化，做到美观大方。做出如图 1-18-1 所示的页面，包括以下操作内容。

① 标题样式。

② 分割线。

③ 段落、换行。

④ 粗体、斜体。

⑤ 字体颜色修改。

⑥ 加入空格等。

（2）创建超链接。

创建一个新的页面文件"Link.html"，可以创建如图 1-18-2 所示的页面，包括有以下操作内容。

① 链接到其他网站站点。

② 链接到本地站点的其他网页。

③ 链接到电子邮件。

④ 书签式链接。

东北虎介绍

阿尔泰虎（学名：Panthera tigris altaica）又称*西伯利亚虎、东北虎、满洲虎、阿穆尔虎、乌苏里虎、朝鲜虎*，分布于俄罗斯西伯利亚南部、朝鲜（主要为两江道的"三池渊郡"及"大红端郡"之长白山一带）和中国东北等地，是中国国家一级保护动物。

特征：
1. 毛色浅黄，皮肤厚实。
2. 体长2到3米，重250到350公斤。

图 1-18-1 文本格式化

图 1-18-2 超链接

（3）页面布局。

① 表格布局。创建一个新的页面文件"Table.html"，利用表格布局模式创建如图 1-18-3 所示的页面。

中文学名：东北虎	科：猫科动物	
拉丁学名：Panthera tigris altaica	亚科：豹亚科	
别称：西伯利亚虎	属：豹属	
界：动物界	种：虎	
纲：哺乳纲	目：食肉目	
东北虎又称西伯利亚虎，分布于亚洲东北部，即俄罗斯西伯利亚地区、朝鲜和中国东北地区，有三百万年进化史。东北虎是现存体重最大的猫科亚种，其中雄性体长可达3米左右，尾长约1米，体重达到350公斤左右，体色夏毛棕黄色，冬毛淡黄色。背部和体侧具有多条横列黑色窄条纹，通常2条靠近呈柳叶状。头大而圆，前额上的数条黑色横纹，中间常被串通，极似"王"字，故有"丛林之王"之美称，东北虎属中国Ⅰ级保护动物并被列入濒危野生动植物种国际贸易公约（CITES）附录。		

图 1-18-3 表格布局

② 层布局。创建一个新的页面文件"Layer.html"，利用层制作如图 1-18-4 所示的页面，要求如下。

- 在右边放置一图层，在图层中放置图片。
- 在左边放置另外一图层，图层中放置文字。

物种保护

东北虎的经济价值极高，传统看法认为虎的肉和内脏可入药治疗多种慢性疾病，一只成年虎的价值相当于30多张黑貂皮，也只因为这样，东北虎遭到无情的捕杀。虎的繁殖率也较低，它的寿命一般为25年 东北虎左右，三四岁时性成熟，每年12月至翌年2月发情，怀孕期105～110天，每胎一般产三四仔。幼虎吮吸母亲乳汁长大，要跟随母虎一二年才独立生活。人们对东北虎的捕杀率大大超过它的繁殖率，这是东北虎濒临灭绝的直接原因。滥伐森林、乱捕乱杀野生动物，严重地破坏生态平衡，也是造成东北虎濒临灭绝的另一个重要的间接原因。森林是虎的生存环境，在这个环境中也包含着虎的猎食对象——野猪、鹿等。近年来由于偷猎者甚多，致使虎的捕食动物也大为减少，因此，维持野猪、鹿等有蹄动物与虎之间的生态平衡是很重要的。

图 1-18-4　层布局

③ 框架布局。创建一个页面文件"Frameset.html"作为框架集，创建另一个页面文件"left.html"作为左侧框架网页文件，里面放置一个表格如图 1-18-5 左边所示的目录。右侧显示内容的框架，起一个名称"mainFrame"。

在左侧框架页面中放置"物种资料""物种介绍""物种保护"和"生存习性"，分别建立到"Table.html""Text.html""Layer.html"和"Link.html"的超级链接，页面在右侧框架打开超链接。如图 1-18-5 所示。

目录	中文学名：东北虎	科：猫科动物	
物种资料	拉丁学名：Panthera tigris altaica	亚科：豹亚科	
物种介绍	别称：西伯利亚虎	属：豹属	
物种保护	界：动物界	种：虎	
生存习性	纲：哺乳纲	目：食肉目	

东北虎又称西伯利亚虎，分布于亚洲东北部，即俄罗斯西伯利亚地区、朝鲜和中国东北地区，有三百万年进化史。东北虎是现存体重最大的猫科动物，其中雄性体长可达3米左右，尾长约1米，体重达到350公斤左右，体色夏毛棕黄色，冬毛淡黄色。背部和体侧具有多条横列黑色窄条纹，通常2条靠近呈柳叶状。头大而圆，前额上的数条黑色横纹，中间常被串通，极似"王"字，故有"丛林之王"之美称，东北虎属中国Ⅰ级保护动物并被列入濒危野生动植物种国际贸易公约（CITES）附录。

图 1-18-5　框架页面示意图

④ CSS 的应用。创建一个新的页面文件"CSS.html"，将下面的一段文本加入到该页面中。

> 曲曲折折的荷塘上面，弥望的是田田的叶子。叶子出水很高，像亭亭的舞女的裙。层层的叶子中间，零星地点缀着些白花，有袅娜地开着的，有羞涩地打着朵儿的；正如一粒粒的明珠，又如碧天里的星星，又如刚出浴的美人。微风过处，送来缕缕清香，仿佛远处高楼上渺茫的歌声似的。这时候叶子与花也有一丝的颤动，像闪电般，霎时传过荷塘的那边去了。叶子本是肩并肩密密地挨着，这便宛然有了一道凝碧的波痕。叶子底下是脉脉的流水，遮住了，不能见一些颜色；而叶子却更见风致了。

在页面"CSS.html"内定义 CSS 样式，命名为"mycss"并做如下设定。

- 字体为隶书，大小为18，粗体，字体颜色为蓝色，文字加下划线，行间距为 30px。
- 为该段文字所在页面添加背景图片"bj.jpg"。
- 段落开始文字缩进 40 像素。

利用样式 mycss 对页面 "CSS.html" 中的文字进行相应文本格式化。页面效果如图 1-18-6 所示。

> 曲曲折折的荷塘上面，弥望的是田田的叶子。叶子出水很高，像亭亭的舞女的裙。层层的叶子中间，零星地点缀着些白花，有袅娜地开着的，有羞涩地打着朵儿的；正如一粒粒的明珠，又如碧天里的星星，又如刚出浴的美人。微风过处，送来缕缕清香，仿佛远处高楼上渺茫的歌声似的。这时候叶子与花也有一丝的颤动，像闪电般，霎时传过荷塘的那边去了。叶子本是肩并肩密密地挨着，这便宛然有了一道凝碧的波痕。叶子底下是脉脉的流水，遮住了，不能见一些颜色；而叶子却更见风致了。

图 1-18-6　使用 CSS 格式化页面

三、实验关键知识点

1. Dreamweaver 工作窗口

Dreamweaver CS5 工作窗口如图 1-18-7 所示。

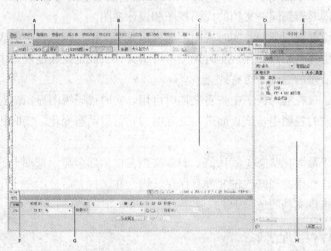

图 1-18-7　Dreamweaver CS5 工作窗口

A 应用程序栏：应用程序窗口顶部包含一个工作区切换器、几个菜单（仅限 Windows）以及其他应用程序控件。

B 文档工具栏：包含一些按钮，它们提供各种文档窗口视图（如设计视图和代码视图）的选项、各种查看选项和一些常用操作（如在浏览器中预览）。

C 文档窗口：显示当前创建和编辑的文档。

D 面板组：包括一些面板，例如插入面板、CSS 样式面板和文件面板等。若要展开某个面板，双击其选项卡。

E 工作区切换器。

F 标签选择器：位于 "文档" 窗口底部的状态栏中。显示环绕当前选定内容的标签的层次结构。单击该层次结构中的任何标签可以选择该标签及其全部内容。

G 属性检查器：用于查看和更改所选对象或文本的各种最常用属性。每个对象具有不同的属性，属性检查器中的内容根据选定的元素会有所不同。在编码器工作区布局中，属性检查器默认是不展开的。

H 文件面板：用于管理文件和文件夹，无论它们是本地 Dreamweaver 站点的一部分还是位于远程服务器上。文件面板还使您可以访问本地磁盘上的全部文件，非常类似于 Windows 的资源管理器。

2. 文档窗口

文档窗口主要用于编辑和显示当前文档，文档窗口有几种视图，如图 1-18-8 所示。

图 1-18-8　文档窗口视图

设计视图：用于可视化页面布局、可视化编辑和快速应用程序开发的设计环境。在该视图中，文档以类似于在浏览器中查看页面时看到的形式被编辑。

代码视图：一个用于编写和编辑 HTML、JavaScript、服务器语言代码（如 PHP）以及任何其他类型代码的手工编码环境。

拆分代码视图：代码视图的一种拆分版本，可以通过滚动来同时对文档的不同部分进行操作，可以在一个窗口中同时看到同一文档的代码视图和设计视图。

实时视图：与设计视图类似，实时视图更逼真地显示文档在浏览器中的表示形式，并使文档能够像在浏览器中那样与用户交互。实时视图不可编辑，一般是在其他视图中进行编辑，然后刷新实时视图来查看所做的更改是否有效。

实时代码视图：仅在实时视图中查看文档时可用。实时代码视图显示浏览器用于执行该页面的实际代码，当在实时视图中与该页面进行交互时，它可以动态变化。实时代码视图和实时视图一样不可编辑。

当文档窗口处于最大化状态（默认值）时，文档窗口顶部会显示选项卡，上面显示了所有打开的文档的文件名，如果文档修改过又没有保存，则会在文件名后显示一个星号。要想切换到某个文档，就直接单击该文档的选项卡。

3. 创建和管理站点

"站点"指属于某个 Web 站点文档的本地或远程存储位置。使用它可以方便地组织和管理所有的网页文档，并很容易地跟踪和维护网站的链接。因此创建网站，应首先定义一个站点。站点由 3 个部分（或文件夹）组成，具体使用哪个取决于开发环境和所开发的网站的类型：

（1）本地根文件夹：用于存储正在处理的文件。通常将此文件夹称为"本地站点"。此文件夹通常位于本地计算机上，但也可能位于网络服务器上。

（2）远程文件夹：用于存储测试、生产和协作等用途的文件。在"文件面板"中将此文件夹称为"远程站点"。远程文件夹通常位于运行 Web 服务器的计算机上。通过本地文件夹和远程文件夹的结合使用，可以非常方便的在本地硬盘和 Web 服务器之间传输文件，轻松地管理站点中的文件。通常是在本地文件夹中处理文件，希望其他人查看时，再将它们发布到远程文件夹。

（3）测试服务器文件夹：如果开发的网站为动态网站，通常有一台安装有测试环境的服务器，在其中来处理动态网页（ASP、JSP、PHP 等）。这个测试服务器文件夹，就用来存放这些动态网页的文件夹。

单击菜单中的"站点""新建站点"出现如图 1-18-9 所示的新建站点对话框，在"站点名称"中输入你的站点名称，在本地站点文件夹中，单击 图标，选择存放站点文件的根文件夹，建议在选择之前事先在本机上建立一个文件夹作为网站的根文件夹。

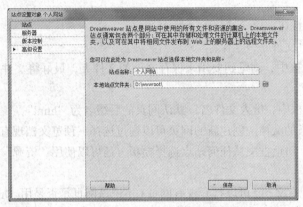

图 1-18-9　新建站点对话框

4. 新建和打开网页

Dreamweaver 可以处理各种类型的网页文档，除了基本的 HTML 文档以外，还可以创建和打开各种基于文本格式的文档，如 ASP、JavaScript 和层叠样式表（CSS）等，如图 1-18-10 所示。

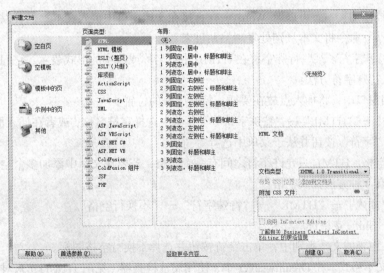

图 1-18-10　新建文档对话框

（1）新建空白网页。新建空白网页的步骤如下。

① 选择"文件"→"新建"。

② 在"新建文档"对话框的"空白页"类别中，从"页面类型"列选择要创建的页面类型。例如，选择 HTML，来创建一个纯 HTML 页。

③ 如果希望建立包含 CSS 布局的文档，可以从"布局"列中选择一个预设计的 CSS 布局，否则选择"无"。根据选择，在对话框的右侧将显示选定布局的预览和说明。

④ 从"文档类型"弹出的菜单中选择文档类型。大多数情况下，可以使用默认选择，即 XHTML 1.0 Transitional。

⑤ 如果在"布局"列中选择了 CSS 布局，则需要从"布局 CSS 位置"弹出菜单中为布局的 CSS 选择一个位置。

⑥ 单击"创建"按钮。

⑦ 保存新文档（"文件"→"保存"）。

⑧ 在出现的对话框中，浏览到要用来保存文件的文件夹，最好将文件保存在 Dreamweaver 站点中。

⑨ 在"文件名"框中，键入文件名，默认网页的后缀名为"html"。

（2）创建基于模板的文档。创建新的网页可以通过选择、预览文档现有模板的方式来完成。也可以在"新建文档"对话框中从任何站点选择模板，还可以使用"资源"面板从现有模板创建新的网页。

（3）打开并编辑现有文档。可以打开现有网页（不论该网页是否是用 Dreamweaver 创建的），然后在"设计"视图或"代码"视图中对其进行编辑。也可以打开非 HTML 文本文件，如 JavaScript 文件、XML 文件、CSS 样式表及用字处理程序或文本编辑器保存的文本文件等。建议在站点组织中打开和编辑的文件，而不是从其他位置打开这些文件，也就是将要打开的文件放到站点根文件夹里面。

5. 文本的操作

若要向文档添加文本，可以像 Word 一样直接在文档窗口中键入文本，也可以使用"粘贴"或"选择性粘贴"命令将文本从别处复制粘贴过来。

（1）插入特殊字符。某些特殊字符在 HTML 中以名称或数字的形式表示，它们称为实体字符（**entity**）。插入特殊字符方法：

① 在文档窗口中，将插入点放在要插入特殊字符的位置。

② 从"插"→"HTML"→"特殊字符"子菜单中选择字符名称，或者在插入面板的"文本"类别中，单击"字符"按钮并从子菜单中选择字符。

（2）插入空格。HTML 只允许字符之间有一个空格；若要在文字中添加多个空格，必须插入不换行空格。有 3 种方法插入空格：

① 选择"插入"→"HTML"→"特殊字符"→"不换行空格"。

② 按 Ctrl+Shift+空格键。

③ 在插入面板的文本类别中，单击字符按钮并选择不换行空格图标。

（3）设置文本格式。在 Dreamweaver 中，使用属性检查器（见图 1-18-11）来对文字进行属性设置，可以通过 HTML 和 CSS（层叠样式表）两种方式来完成，一般推荐使用 CSS 方式来设置。文本格式的设置方法与使用标准的字处理程序，如 Word 等类似。例如，可以为所选文本设置默认格式、设置样式（段落、标题 1、标题 2 等），更改所选文本的字体、大小、颜色和对齐方式，或者应用文本样式（如粗体、斜体、代码（等宽字体）和下划线）等。

图 1-18-11　属性检查器

四、实验操作引导

1. 站点和页面文件的建立

建立站点和页面文件的参考操作步骤如下。

（1）在本地硬盘上建立一个文件 "D:\ WWW"，作为本地站点的根文件夹，在其内部建立 "images" 文件夹，用以存放网站使用的图片。

（2）启动 Dreamweaver ，单击菜单栏中的 "站点" → "新建站点" 命令，在弹出的对话框中，输入站点名称 "个人网站"，从 "本地站点文件夹" 中，单击右边的 "浏览文件夹" 图标，选择文件夹 "D:\ WWW"。

（3）单击 "确定" 按钮，即可完成本地站点的创建。在 Dreamweaver 右侧的 "文件" 面板组中的 "站点" 面板里，即可看到创建的站点的本地视图，如图 1-18-12 所示：

（4）建立和编辑文件夹、文件。

"文件面板" 中右键单击站点名字 "个人站点"，在弹出的菜单

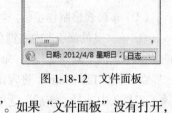

图 1-18-12　文件面板

中选择 "新建文件"，此时将建立一个文件，将其命名为 "index.htm"。如果 "文件面板" 没有打开，可以通过选中主菜单 "窗口" →文件，将文件面板打开，通过这种方法建立起来的文件在保存时会直接保存在站点根目录中。

如果站点内的文件比较多，可以在站点内部建立文件夹，把类别相同的文件放置在同一个文件夹中，这样有利于站点的管理。在站点内部建立文件夹的方法同建立文件相同，也是选中站点名字，在弹出的菜单中选择 "新建文件夹" 即可。

对已经建立起的文件和文件夹，可以进行相应的编辑操作，选中建立的文件或文件夹，单击鼠标右键，在弹出的菜单中选择 "编辑"，在编辑下有 "剪切" "复制" "粘贴" "删除" 和 "重命名" 等操作选项。

创建一个 "test.html" 文件，然后选中该文件，单击鼠标右键在菜单中选择 "编辑" → "删除" 即可将该文件删掉。

2. 文本的录入、格式化以及超链接的创建

（1）文字操作步骤。

① 在 "文件面板" 中右键单击站点名字 "个人网站"，在弹出的菜单中选择 "新建文件"，命名为 "Text.html"。

② 光标定位在页面编辑区中，输入文本（注意分段与换行的区别）。

③ 选中要进行格式化的文本，利用"属性对话框"的各项属性进行文本格式的设定。

（2）创建超链接步骤。

① 普通超链接的创建方法。

选中欲建立超链接的源端点对象，通过以下3种方法可以建立起普通超链接：

● 选择"修改"→"创建链接"；

● 单击属性面板上的"链接"文本框；

● 拖动属性面板上的"链接"文本框后的"指向文件"按钮，在站点管理器窗口中选择目标端点。

② 创建页内书签链接。

● 插入一个锚记：将光标定位在需要跳转的页面内的具体位置，执行菜单"插入"→"常用"→"锚记"，选中插入的锚记，通过"属性面板"为其命名。

● 选中需创建页内超级链接的对象，在其属性栏的链接框中输入→ "#锚名"。

③ 创建 E-mail 链接，可以通过以下两种方法。

● 创建链接的对象，在"属性面板"的"链接"框中直接输入"mailto:E-mail"；

● 将光标定位在需要创建 E-mail 链接的位置，单击菜单"插入"→"电子邮件"，在弹出的对话框中根据提示输入值。

3. 页面布局

（1）布局表格制作步骤。

① 在"文件面板"中右键单击站点名字，在弹出的菜单中选择"新建文件"，命名为"Table.html"。

② 双击 Table.html，进入该页面的编辑状态，在插入工具条中选择"布局"选项卡，单击"布局"模式，切换布局模式下。

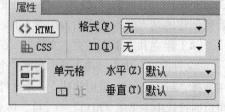

图 1-18-13　文件面板

③ 先单击布局表格按钮，将弹出建立表格对话框，在对话框中分别输入行数 6，列数 3，宽度为 600 像素，边框粗细 1 像素，其他的默认。单击"确定"后建立一个表格。

④ 选中第三列的前五行，如图 1-18-13 所示，单击单元格下的合并所选单元格按钮后，合并最后一列的前 5 行。同样选中最后一行的三列，单击单元格下的合并所选单元格按钮后，合并最后一行的所有列，就建立了题目要求的表格的内部划分。

⑤ 光标定位到插入图片的单元格，单击"常用""图像"，选择相应图片，注意调整大小。

⑥ 输入相应的文字信息，适当调整行高，做到界面美观，并预览页面。

（2）层布局制作步骤。

① 在"文件面板"中右键单击站点名字，在弹出菜单中选择"新建文件"，命名为"Layer.html"。双击"Layer.html"，进入该页面的编辑状态。

② 单击"插入"面板中的"布局"选项卡里的绘制 Ap Div（图层）工具按钮，在页面编辑区中拖动鼠标画出一个图层，名称为"L1"，采用相同的办法再次拖动出另一个图层"L2"。

③ 将光标定位在"L2"内部，执行菜单"插入"→"图像"，在弹出的对话框中选取图片，插入到"L2"中，适当调整图片和层的大小关系，做到美观。

④ 将光标定位在"L1"中，输入文本，适当调整文本和层的大小关系，做到合理美观。

⑤ 移动"L1"和"L2"，使它们如页面所示的样子对齐，此时页面编辑区效果如图 1-18-14 所示。

图 1-18-14　创建图层

（3）框架布局制作步骤。

① 在"文件面板"中右键单击站点名字，在弹出的菜单中选择"新建文件"，命名为"main.html"，双击该文件，进入该页面的编辑状态。

② 将光标定位在"main.html"页面中，单击"插入"面板中的"布局"选项卡里的（框架）工具按钮 📄 ，在黑色下三角中选择"左侧框架" 🔲 ，为"main.html"页面插入一个左侧框架。

③ 将框架进行保存，执行"文件"→"保存全部"，第一次弹出的"另存为"对话框是保存框架集文件的，命名为"Frameset"，第二次弹出的另存为对话框是保存左侧框架的，此时左侧框架边框为高亮度显示，命名为"left"，右侧框架以默认页面"main"进行保存。

④ 在左侧框架对应的"left"页面中，按照题意插入相关表格，以便对超级链接文本进行布局。在表格中录入文本，为每一项建立超链接，为了能在单击超链接时在右侧框架显示对应页面，需将超级链接的"目标"属性设置为右侧框架名称。按住 Alt，单击右侧框架，可以观察右侧框架的名称为"mainFrame"。以"物种资料"为例，选中左侧框架中的"物种资料"文本，在属性面板中作如图 1-18-15 所示的设定，其他超级链接的建立采用相同的方法。

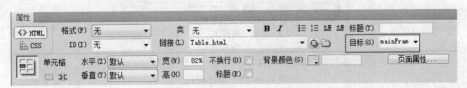

图 1-18-15　框架超链接设定

4. CSS 的应用

（1）在"文件面板"中右键单击站点名字，在弹出菜单中选择"新建文件"，命名为"CSS.html"。双击该文件，进入该页面的编辑状态，并将文本插入页面中。

（2）单击属性面板底部的 CSS 按钮，在"目标规则中"选择"新建规则"，如图 1-18-16 所示。单击"编辑规则"，在弹出的对话框中，将"选择器类型"设置为"类（可应用于任何 HTML 元素）"，"选择器名称"设置为"mycss"，"规则定义"中选择"仅对该文档"，如图 1-18-17 所示，单击确定。

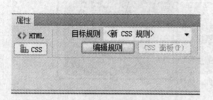

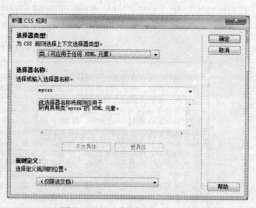

图1-18-16　新建CSS　规则（1）　　　　　图1-18-17　新建CSS　规则（2）

（3）在"mycss"的CSS规则定义对话框内，根据题目中的定义样式的要求，分别对"类型""背景"和"区块"做相应的设定。

① 在"类型"分类属性中主要完成字号（font-size）、字体颜色(color)、粗体（font-weight）、文本修饰（underline）、行间距（line-height）等属性的设定；

② 在"背景"分类属性中主要完成背景图像的设定，在"Backgroud-imag"边上单击"浏览"按钮，选择"bg.jpg"图片，在"Backgroud-repeat"属性中选择"repeat"，这样可以使背景图片布满整个页面；

③ 样式"mycss"中要求的文字缩进40像素需要在"区块"分类属性中进行设定，在"文字缩进Text-indent"后面的文本框中输入40即可，单位选择"像素（pixels）"；

（4）再进行完上述属性设定后，单击"确定"按钮即可以完成对样式"mycss"的设置，回到页面编辑区，选中需要利用样式"mycss"格式化的文本，在属性面板中单击"样式"下拉列表框，如图1-18-18所示，选择"mycss"，此时页面"CSS.html"应用了样式"mycss"进行格式化，变成图1-18-6所示。

图1-18-18　选择样式

五、实验拓展与思考

（1）如何在"图层布局"实验中用Flash动画替换图片。

（2）在"框架布局"实验中，考虑使用文档内部浮动框架（标记为IFRAME）改写布局。

（3）在"CSS应用"实验中，如何使用单独的CSS文件，而不局限于当前网页。

实验 19
提高个人计算机安全性

一、实验目的

（1）掌握 Windows 防火墙的设置方法。
（2）掌握个人密码的设置策略。
（3）掌握数据备份和数据加密的方法。

二、实验内容与要求

1. Windows 防火墙设置

要求使用 Windows 自带的防火墙，完成以下要求。
（1）启用或关闭 Internet 连接防火墙。
（2）使用防火墙阻挡使用 QQ。

2. 密码设置

设置用户密码符合一定的复杂度。要求在新建用户给用户设置密码时，按照系统要求，当设置较为简单的密码时，系统不予通过。

3. Windows 系统还原

要求开启 Windows 系统中的系统还原功能。并且设置系统盘（一般为 C 盘）具有系统还原功能。

4. 数据加密

（1）使用 BitLocker 加密 U 盘。
要求开启系统的 BitLocker 加密功能，加密随身携带的 U 盘。
（2）使用 TrueCrypt 加密文件夹。
下载并安装 TrueCrypt 软件，建立加密虚拟磁盘，把需要加密的文件夹和文件复制到该虚拟磁盘中。

三、实验关键知识点

1. Windows 防火墙

Windows 操作系统从 Windows XP 开始，增加了一个网络安全的功能——Internet 连接防火墙（Internet Connection Firewall，ICF）。它是用来决定哪些信息可以从你的家庭或小型办公网络进入 Internet，以及从 Internet 进入你的家庭或小型办公网络的一种软件。同时，还能使用它来为多台计算机提供 Internet 访问能力。

就防火墙功能而言，Windows 防火墙只阻截所有传入的未经请求的流量，对主动请求传出的流量不作理会。而第三方病毒防火墙软件一般都会对两个方向的访问进行监控和审核，这一点是它们之间最大的区别。如果入侵已经发生或间谍软件已经被安装，并主动连接到外部网络，那么 Windows 防火墙是束手无策的。不过由于攻击多来自外部，而且如果间谍软件偷偷自动开放端口来让外部请求连接，那么 Windows 防火墙会立刻阻断连接并弹出安全警告，所以普通用户也不必太过担心。

使用 Windows 防火墙的高级设置可以进行更加详细全面的配置。进入"高级设置"选项后，包括出入站规则、连接安全规则等都可以从这里进行自定义配置。Windows 7 针对每一个程序为用户提供了 3 种实用的网络连接方式。

（1）允许连接：程序或端口在任何的情况下都可以被连接到网络。

（2）只允许安全连接：程序或端口只在有 IPSec 保护的情况下才允许连接到网络。

（3）阻止连接：阻止此程序或端口在任何状态下连接到网络。

2. 密码复杂性要求

密码是用户登录系统的第一步，为达到系统的安全，就可以强制要求用户设置较为复杂的密码。对于密码复杂性的要求，在 Windows 平台中定义如下。

（1）不能包含用户的账户名，不能包含用户姓名中超过两个连续字符的部分。

（2）至少有 6 个字符长。

（3）包含以下 4 类字符中的 3 类字符。

① 英文大写字母（A 到 Z）。

② 英文小写字母（a 到 z）。

③ 10 个基本数字（0 到 9）。

④ 非字母字符（例如 !、$、#、%）。

3. Windows 系统还原

Windows 系统提供"系统还原"功能，该功能可以通过对还原点的设置，记录用户对系统所做的更改，当系统出现故障时，在不需要重新安装操作系统，也不会影响个人数据文件（例如文件、电子邮件或相片）的情况下，使用系统还原功就能将系统恢复到更改之前的状态，继续正常使用。Windows 系统提供简单的向导来完成设置本地任何磁盘进行系统还原。

4. 数据加密

BitLocker 是加密整个驱动器。在将新的文件添加到已使用 BitLocker 加密的驱动器时，BitLocker 会自动对这些文件进行加密。

TrueCrypt 是一款免费开源的绿色虚拟加密盘加密软件。它可在硬盘上建立虚拟磁盘，用户可以按照盘符进行访问，虚拟磁盘上的所有文件都被自动加密，需要通过密码来进行访问，加密和解密都是实时的。

四、实验操作引导

1. Windows 防火墙设置

（1）启用或关闭 Internet 连接防火墙

① 单击"开始"→"控制面板"→"Windows 防火墙"。

② 单击"打开或关闭 Windows 防火墙"，如图 1-19-1 所示。

③ 在"家庭或工作（专业）网络位置设置"和"公用网络位置设置"中单击启用防火墙，如图 1-19-1 所示。

图 1-19-1　启动防火墙

（2）使用防火墙阻挡使用 QQ

① 确保能连上 Internet，能登录 QQ。

② 启用 Windows 防火墙，如图 1-19-1 所示。

③ 单击高级设置，如图 1-19-1 所示。

④ 在弹出的窗口中，右键单击"出站规则"，如图 1-19-2 所示。在弹出菜单中选中新建规则，将出现如图 1-19-3 所示的新建出站规则向导，选择规则类型"程序"，单击"下一步"。

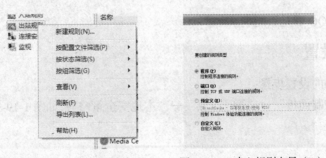

图 1-19-2　建立新规则　　　　　图 1-19-3　建立规则向导（1）

⑤ 如图 1-19-4 所示，在程序对话框中，单击浏览，找到 QQ 运行程序，单击"下一步"。

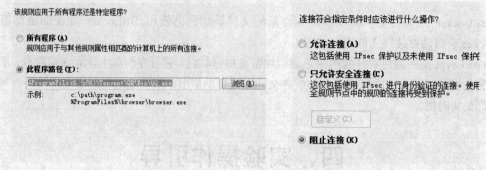

图 1-19-4　建立规则向导（2）　　　　　　图 1-19-5　建立规则向导（3）

⑥ 如图 1-19-5 所示，在操作对话框中，选择"阻止连接"，单击"下一步"。

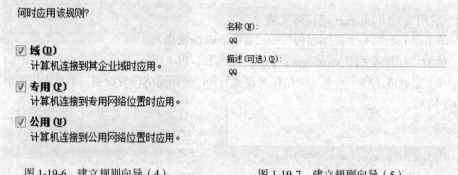

图 1-19-6　建立规则向导（4）　　　　　　图 1-19-7　建立规则向导（5）

⑦ 在配置文件对话框中，"域""专用""公用"，默认为全部选择，如图 1-19-6 所示，不用更改，单击"下一步"。

⑧ 如图 1-19-7 所示，在名称对话框中随便输入名字，例如输入 QQ，单击完成，会发现在出站规则列表中添加了一条阻挡规则，规则前有一个符号图标 ◎，如图 1-19-8 所示。

图 1-19-8　规则列表

⑨ 重新运行 QQ 看是否能登录上。

2. 密码设置

强制复杂密码的设置步骤：

（1）单击"控制面板"→"管理工具"→"本地安全策略"，如图 1-19-9 所示。

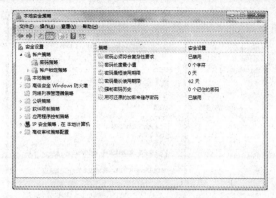

图 1-19-9　设置密码策略

（2）单击"账户策略"→"密码策略"，如图 1-19-9 所示。

（3）在如图 1-19-9 所示的右边双击"密码必须符合复杂性要求"选项，出现图 1-19-10 所示界面，选择已启用，单击查看"说明"选项卡，如图 1-19-11 所示。

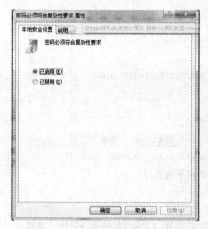

图 1-19-10　启动密码复杂性要求

图 1-19-11　查看密码复杂性说明

（4）创建一个新用户"NewTest"，并且设置新用户密码。

① 用一个简单密码，例如 123456，出现如图 1-19-12 的提示对话框，看是否能通过密码设置。

② 用一个复杂密码，例如 My1234，看看是否能通过密码设置。

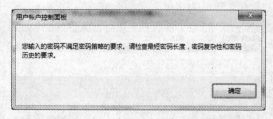

图 1-19-12　未通过密码复杂性要求

3.　Windows 系统还原

（1）确认 Windows 开启了系统功能。打开控制面板，单击"系统"功能图标。

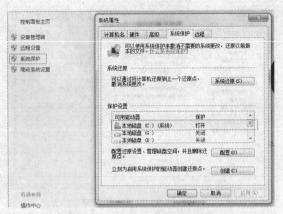

图 1-19-13　开启 Windows 系统保护

（2）创建系统还原。

单击图 1-19-13 所示的"创建"按钮，出现图 1-19-14 所示界面，可以为创建的系统还原设置一个说明，单击"创建"后，系统将创建一个还原点。

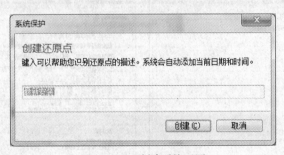

图 1-19-14　创建系统还原

（3）使用系统还原。

单击图 1-19-13 所示的"系统还原…"按钮，出现图 1-19-15 所示界面，选择一个要还原到某个时间的还原点，单击"下一步"后，单击"完成"，确认还原。

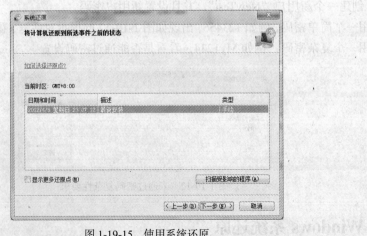

图 1-19-15　使用系统还原

4. 数据加密

（1）使用 BitLocker 加密驱动器。

① 打开"控制面板"→"BitLocker 驱动器加密"，在出来的窗口选项中，选择需要加密的驱动器，单击"启动 BitLocker"，如图 1-19-16 所示，此时会弹出 BitLocker 驱动器加密向导，如图 1-19-17 所示。

图 1-19-16　启用 BitLocker

图 1-19-17　BitLocker 驱动器加密向导

② 根据需要选择解锁方式，建议选择使用"密码解锁驱动器"，连续输入两次密码，注意密码长度要多于 8 个字符，单击"下一步"按钮继续。

③ 选择将恢复密钥保存到文件（免得自己遗忘），也可以将恢复密钥打印出来，如果选择前者，将得到一个文件名类似于"BitLocker 恢复密钥 53127C72-C573-4C99-8AD1-DDBECB3FE7DC.txt"的文本文件，单击"下一步"继续。

图 1-19-18　BitLocker 加密驱动器

④ 进入下一窗口之后，单击"启动加密"按钮，Windows 将正式开始对闪存盘进行加密，加密时间主要取决于闪存盘的容量和文件容量，如图 1-19-18 所示，等待一会儿即可完成加密。

完成后，这个已经过加密的闪存盘设备的盘符发生了一些变化，这里会变成一个锁形的图标，这代表闪存盘上的文件已经被成功加密，其中的数据得到了安全保护。

将闪存盘卸载重新插入，双击盘符打开磁盘时，会弹出一个对话框，在"键入密码以解锁此驱动器"文本框中输入正确的解锁密码，单击右下角的"解锁"按钮。然后才可以进行正常的文件读写操作。如果不希望每次使用加密闪存盘时都输入密码，可以在输入密码时勾选"从现在开始在此计算机上自动解锁"复选框。换一台计算机，打开改闪存盘，看看会出现什么情况。

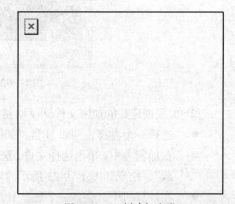

图 1-19-19　创建加密卷

（2）TrueCrypt 加密文件。

① 创建加密虚拟盘。

● 在界面中单击"创建加密卷"，如图 1-19-19 所示。

● 在弹出的 TrueCrypt 加密卷创建向导页面中，选择创建文件型加密卷，如图 1-19-20 所示。

图 1-19-20　TrueCrypt 加密卷创建向导

- 单击"下一步"，选择"标准 TrueCrypt 加密卷"。
- 出现在对话框中的"加密位置"可以选择文件，放到你需要放的地方，例如放到"D:\My"中，单击"下一步"。
- 选择对话框中的"加密算法"，使用默认的"AES"，哈希算法也使用默认的"RIPEMD-160"，单击"下一步"。
- 在弹出的对话框的"加密卷大小"中输入 1024，单位选择 MB，表示创建一个 1G 的加密空间，单击"下一步"。
- 在弹出的对话框的"加密密码"中设置你加密的密码，以及再输入一次密码确认，单击"下一步"；
- 在弹出的对话框中，都用默认设置，单击"格式化"，如图 1-19-21 所示，等候加密完成，即可完成创建。

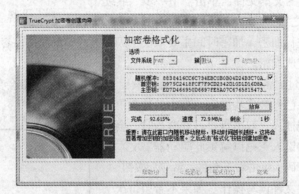

图 1-19-21　TrueCrypt 加密卷格式化

② 加载创建好的加密文件到驱动器。

- 选择一个盘符，例如 H 盘，如图 1-19-22 所示。
- 在加密卷中，单击选择文件，选择上一步中建立好的加密文件，例如"D:\My"，单击"加载"，出现如图 1-19-23 所示的输入密码对话框，输入前面的设置的密码。
- 在计算机中，会多一个磁盘 H，如图 1-19-24 所示。
- 将需要加密的文件复制到 H 盘中即可。

图 1-19-22　加载加密卷文件

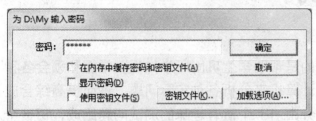

图 1-19-23　加载加密卷文件

图 1-19-24　加载加密卷文件

③ 卸载加密驱动器。

● 　选择加密卷，例如 H 盘，单击卸载，即完成了加密卷卸载，此时在"计算机"中，H 盘将消失。

可以将"D:\My"文件拷贝到便携磁盘中，随身带走，在需要打开的地方，重新执行第二步，加载到驱动器，即可进行读写加密文件操作。

五、实验拓展与思考

（1）仿照"Windows 防护墙设置"实验，阻挡某个网络应用程序，例如"迅雷"下载软件。

（2）在"密码复杂性要求"实验中，如何同时做到设置用户的密码过期时间为 30 天。

（3）在"使用 BitLocker 加密驱动器"的实验中考虑如何在旧的操作系统（例如 Windows XP 中）使用 BitLocker。

第二部分
操作测试

　　操作测试的主要目的是帮助学生巩固所学知识，掌握和领会各种操作技能，并学会利用计算机来分析各种实际问题，进而提高综合应用计算机的能力。本部分由 13 个富有趣味的测试问题组成，每一个问题按"任务式技能测试"模式组织，可作为学生课后练习和专题作业使用。

测试 1
Windows 7 系统设置

一、测试目的

（1）熟练掌握桌面的个性化设置方法。

（2）熟练掌握任务栏、区域和语言、文件夹选项、汉字输入法等的设置方法。

（3）熟练掌握快捷菜单、常用快捷键、剪贴板、回收站的使用方法。

二、测试任务与要求

（1）查看计算机配置，设置虚拟内存为物理内存的 2 倍大小。

（2）设置窗口排列方式，便于校对打开的两个 Word 文档。

（3）在任务栏中创建谷歌浏览器、Word、Excel 图标，将任务栏中不常用的应用程序解锁。

（4）在"开始"菜单的常用程序列表中添加 Windows7 的磁盘管理程序（diskmgmt.msc）。

（5）调整屏幕分辨率，使其最佳显示。设置屏幕保护程序为"变幻线"，等待时间为 5 分钟。

（6）删除不用的汉字输入法，将"搜狗拼音输入法"设置为默认输入法。

（7）从网络中下载"钢笔行书字体字库"安装到系统中，并打开该字库查看。删除字体列表中不常使用的字库，如"Bodoni MT"字体。

（8）设置鼠标指针的方案为"Windows Aero（特大）（系统方案）"，显示鼠标指针轨迹，显示为最长。

（9）调整系统日期和时间，设置长日期格式为"yyyy'年'M'月'd'日'"格式。

（10）文件夹选项设置"在不同窗口中打开不同的文件夹"，设置显示系统文件夹的内容，设置搜索文件时包括系统目录和压缩文件。

（11）清空回收站。设置删除 D 盘中的文件时，不将文件移入回收站，而是彻底删除。设置 C 盘回收站的最大空间为驱动器的 10%。

（12）隐藏任务栏上的网络连接图标，将扬声器音量调整到最大。

（13）使用计算器将航速 30 节转换成每小时公里数，将计算结果窗口抓图（不是屏幕整屏抓图），用画图程序将结果以"jpeg"文件格式保存。

三、测试关键知识点

（1）快捷菜单中的"属性"往往与系统的设置有关。熟练使用快捷菜单和快捷键，完成系统设置。

（2）剪贴板程序能够将复制的数据（可以是任何类型的数据）暂时存放在内存中，新复制的数据会覆盖原来的数据，关机后剪贴板中的数据会丢失。利用剪贴板可以实现 Windows 中各个应用程序之间的数据交换和共享。Windows 7 没有自带剪贴板查看器程序，需要使用时可以将 Windows XP 系统中的"Cilpbrd.exe"程序复制到 Windows 7 系统文件夹下的"system32"文件夹中使用。该程序允许将剪贴板中的数据以文件（扩展名为.clp）形式保存在磁盘中。

（3）复制屏幕到剪贴板可以按快捷键"PrintScreen"键，复制活动窗口可以按 Alt+PrintScreen 组合键。

（4）回收站是 Windows 为硬盘设置的一个特殊文件夹。硬盘的每个逻辑盘都可分别设置回收站，删除的文件除非直接删除（按 Shift+Delete 组合键删除），否则都是将该文件移动到回收站文件夹中，使用"还原"可以恢复被删除的文件。

四、测试步骤小结

（1） Windows 7 的系统设置主要包括：（参考本书实验 3 的"实验关键知识点"，归纳本测试中的主要系统设置项）

（2） 进行系统设置的基本方法是：

（3） 设置和使用回收站的方法是：

（4） 剪贴板的作用和使用方法是：

测试 2
Windows 7 基本操作

一、测试目的

（1）熟练掌握文件（夹）的搜索和选择方法。

（2）熟练掌握文件（夹）的创建、复制、更名、移动、删除、设置属性、共享等操作方法。

（3）掌握磁盘文件的整理方法。

二、测试任务与要求

（1）搜索 Windows 7 系统文件夹下的扩展名为 ".exe" 和 ".msc" 的程序，将搜索结果以名称 "WIN7执行程序" 保存。将搜索结果按文件夹分组降序排列。

（2）搜索 C 盘上第 3 个字符为 "n:" 并且文件大小不超过 20KB 的文件。搜索 D 盘中上个星期内创建的文件和文件夹。搜索从 "2014-1-1" 到 "2014-9-15" 之间修改过的 Word 文档文件。

（3）使用资源管理器浏览 C 盘，把文件及文件夹的显示改为 "详细信息" 方式并按时间升序排序。

（4）在 D 盘根目录下创建 "ABC" 文件夹，搜索 Windows 系统目录中不超过 2KB 的文本文件复制到该文件夹中。

（5）选择 "ABC" 文件夹中的某个文本文件，将其更名为同名的 Word 文档，浏览其属性并将其改为 "只读" 属性。

（6）搜索 C 盘中类型为 "GIF 图像" 的文件，将文件大小最大的和最小的这两个文件复制到 ABC 文件夹中。

（7）删除 "ABC" 文件夹中创建日期最早的文件。在回收站中再将刚才删除的文件还原。

（8）在桌面上建立 "ABC" 文件夹的快捷图标，并命名为 "测试文件"，更改它的图标为放大镜形状图标。

（9）在 D 盘根目录中建立名为 "TEST1" 的文件夹，在 "TEST1" 文件夹下建立 "TEMP" 文件夹。

（10）在 C:\Windows 文件夹中选择 5 个扩展名为.bmp 的文件复制到 "TEST1" 文件夹中。选择"TEST1"文件夹中的3个连续文件移动到"TEMP"文件夹中。

（11）在"TEST1"文件夹中选择一个文件，将其文件名改为" First.gif "；查看"TEST1"文件夹中" First.gif "文件的属性，并将该文件设置为"隐藏"和"只读"属性。

（12）删除"TEMP"文件夹中的所有文件。

（13）将"TEST1"文件夹移动到"ABC"文件夹中，将"ABC"文件夹设置为"只读"权限的共享，共享名为"公用数据"。

（14）创建库"测试"，将上面建立的文件夹"ABC""TEST1"添加到库中。在 D 盘上创建 1 个 1GB 的虚拟磁盘，将"测试"库中的文件夹复制到虚拟磁盘中。

三、测试关键知识点

（1）资源管理器中文件（夹）列表设置为"显示详细信息"时，单击文件窗格标题栏各列，具有按升序或降序排列显示文件（夹）列表的作用，并且详细信息的项目也可设置。如图 2-2-1 所示。

图 2-2-1　资源管理器窗口

（2）在资源管理器的导航窗格中打开文件夹，在搜索框中输入搜索条件，文件窗格中将显示搜索到的文件（夹）。当无法确定要搜索的文件或文件夹的准确名称时，可使用通配符"？"或"*"进行模糊搜索。选择多个文件时，按住 Ctrl 键单击文件名可以添加方式选中多个文件，按住 Shift 键单击文件可选择连续的多个文件。搜索条件可以使用文件属性做限定，还可以使用比较运算和逻辑运算构造出高级条件，以下列出一些常见搜索条件，更详细的内容可参看本书实验 4 的实验操作引导。

① *.exe OR *.msc：扩展名为.exe 和.msc 的程序。

② ??n* AND 大小:<20KB ：第 3 个字符为"n"并且文件大小不超过 20KB 的文件。

③　*.docx AND　修改日期: (>=2014/1/ AND <=2014/9/15)：从 2014-1-1 到 2014-9-15 之间修改过的 Word 文档文件。

四、测试步骤小结

（1）对文件和文件夹的基本操作主要包括：

（2）对文件和文件夹进行基本操作的方法主要有：

（3）文件（夹）压缩解压常用软件和方法是：

（4）磁盘格式化要注意的问题是：

（5）磁盘碎片整理的作用和方法是：

测试 3
电子文档的高级处理

一、测试目的

（1）掌握科技论文的格式化和排版的方法。

（2）掌握长文档的格式化和排版以及自动生成目录和图表目录的方法。

（3）掌握邮件合并功能及其域的使用方法。

二、测试任务与要求

请在以下三个题目中选择其中一题并认真完成。

1. 对科技论文进行格式化和排版

对科技论文进行格式化和排版是每一个理工科大学生都必须掌握的操作技能。从网上下载一篇科技论文，按图 2-3-1 所示的实验结果参考样例，对论文进行格式化和排版。

图 2-3-1 科技论文排版参考样例

2. 自动生成目录和图表目录

　　编写书籍和毕业论文时一般都应有目录。从网上下载一篇包含多级目录和多个图片的长文档，按图 2-3-2 所示的实验结果参考样例，对文档进行格式化和排版，为文档中的多级标题建立目录，为文档中的图建立图表目录。

图 2-3-2　目录和图表目录参考样例

3. 邮件合并功能的应用

　　在工作中经常需要将相同的信函分发给许多不同的人，使用 Word 提供的邮件合并功能可以将一批邮件自动地、快速地处理完毕，省去大量的重复性的手工处理工作。

　　按图 2-3-3 所示的实验结果参考样例，请自己设计信函的格式和内容，自己设计收信人数据列表的格式和内容，并完成邮件合并。

　　用于邮件合并的主文档类型可以是信函、信封、标签和目录，也可以选择信函以外的类型进行邮件合并操作。

图 2-3-3　邮件合并参考样例

三、测试关键知识点

（1）一篇科技论文中包含题目、作者、单位、摘要、关键词、中图分类号、引言、标题、正文、图、表、公式、参考文献等内容，对各内容的格式要求如下：

① 论文题目用 2 号黑体字，居中，段前段后各空 0.5 行，单倍行距。

② 作者名用 4 号楷体，居中，单倍行距，数字上标用 Times New Roman 字体。

③ 单位名称用 5 号仿宋加粗居中，单倍行距，数字用 Times New Roman 字体，段后空 0.5 行。

④ "摘要"两个字用小 5 号黑体，左侧顶格，摘要两个字间空一字宽，"要"字后空一字宽。摘要的正文用小 5 号楷体，两端对齐，单倍行距。

⑤ "关键词"三个字用小 5 号黑体，左侧顶格，"词"字后空一字宽。关键词用小 5 号楷体，单倍行距，词间用分号隔开。

⑥ 中图分类号用小 5 号黑体，左侧顶格。

⑦ 英文题目用 4 号 Times New Roman 字体，加粗，开头单词首字母大写，段前段后空 0.5 行，单倍行距。

⑧ 英文姓名用 5 号 Times New Roman 字体，居中，姓氏大写，名字首字母大写，单倍行距，作者姓名间用逗号分隔。

⑨ 英文单位用小 5 号 Times New Roman 字体，倾斜居中，中间用中文的分号隔开，段后空 0.5 行，单倍行距。

⑩ 英文摘要、关键词正文都用小 5 号 Times New Roman 字体，左侧顶格，单倍行距。对"Abstract "和"Key words "进行加粗，关键词全部小写，关键词间用中文的分号隔开。

⑪ 一级标题用小 4 号黑体，左顶格，单倍行距，段前段后空 0.5 行。

⑫ 二级标题用小 5 号黑体，左顶格，单倍行距。

⑬ 三级标题用小 5 号楷体加粗，左顶格，单倍行距。

⑭ 正文用小 5 号宋体，首行缩进两个字符，单倍行距。

⑮ 图及图题中文字用 6 号宋体，字母、数字用 Times New Roman 字体。

⑯ 表及表题中的文字用 6 号宋体，字母、数字用 Times New Roman 字体。线条磅数为 0.5～0.75 磅。

⑰ "参考文献"用 5 号黑体，居中，单倍行距，段前段后空 0.5 行。参考文献内容用 6 号宋体。

⑱ 底脚标注用 6 号黑体和 6 号宋体，数字和字母用 Times New Roman 字体，单倍行距。

（2）使用"索引和目录"对话框建立目录和图表目录的前提条件是：

① 为各级标题加上统一的样式。

② 为各个图或表加上题注。加题注的方法如下：

a. 选择"引用"选项卡，在"题注"选项组中单击"插入题注"命令按钮，打开"题注"对话框，如图 2-3-4 所示。其中的"标签"列表中有图表、公式、表格等选项。

b. 在"题注"对话框中单击"新建标签"按钮，打开"新建标签"对话框，如图 2-3-5 所示。在"新建标签"对话框的标签框中输入"图 1-"，单击"确定"按钮返回"题注"对话框。这时，新建的标签"图 1-"会显示在"题注"对话框的"标签"列表框中。

图 2-3-4 "题注"对话框

图 2-3-5 "新建标签"对话框

c. 在"题注"对话框中单击"确定"按钮，返回文档编辑窗口。

d. 在文档中插入一张图片，右键单击该图片，在弹出的快捷菜单中选择"题注"命令，在打开的"题注"对话框的"标签"列表中选择"图 1-"并单击"确定"按钮，在该图片的下方会自动插入标签和图号，再在其后加上文字说明就可完成题注的添加，如图 2-3-2 所示。

如果要在文档中插入图片、公式和表格等项目时，让 Word 自动为插入的项目加上题注，可以在"题注"对话框中单击"自动插入题注"按钮，在打开的"自动插入题注"对话框中选择需要插入题注的项目。

删除题注的方法与删除文本一样，删除题注后，Word 会自动更新其余题注的标号。

（3）邮件合并是将 Word 文档与数据库集成应用的一个示例。它可以在 Word 文档中插入数据库的字段，将一份文档变成数百份类似的文档。合并后的文档可以直接打印输出，也可以使用电子邮件寄出。与本测试相关的具体操作请参考配套教材《大学计算机基础(第 2 版)》4.4.3 小节中的相应内容。

在参考样例中，使用"邮件合并"功能制作信函邮件的主要步骤有：

① 新建如图 2-3-6 所示的录取通知书主文档并对其按要求进行格式化。该文档中，编号、姓名、学院及专业是一组需要变化的数据。图 2-3-7 所示数据列表中的数据就是生成录取通知书的数据来源。

② 新建一个提供数据的.docx 文件，该文档中只包含一个表格，如图 2-3-7 所示。

③ 使用"邮件合并"功能在主文档（信函）中插入编号、姓名、学院和专业四个域，如图 2-3-6 所示。

④ 选择合并记录并完成合并，即生成需要的信函。

图 2-3-6 主文档格式

编号	姓名	性别	学院	专业
20123010	赵晓明	男	建工学院	土木工程
20123112	何涛	男	建工学院	建筑学
20123445	黄丽丽	女	建工学院	城市规划
20123598	龚志高	男	建工学院	给排水工程
20121078	马依依	女	交通学院	交通工程
20121323	起强	男	交通学院	车辆工程
20121177	李长江	男	交通学院	交通运输
20120369	金盈	女	电力工程学院	热能与动力工程
20120411	孙海	男	电力工程学院	电气工程及自动化

图 2-3-7 数据列表

四、测试步骤小结

根据所选择的题目写出主要测试步骤。

（1）对科技论文进行格式化和排版的主要步骤为：

（2）自动生成目录和图表目录的步骤为：

（3）邮件合并的步骤为：

测试 4
电子表格的高级处理

一、测试目的

（1）掌握公式和函数的综合使用。
（2）掌握排序、分类汇总、筛选等数据处理操作。
（3）学会设计数据清单及计算功能。

二、测试任务与要求

（1）自己设计表格、表格数据和计算功能。表格数据可以自己设计也可以从网上下载，但数据要相对合理，计算功能要有意义。

例如，图 2-4-1 所示的数据清单是从网上下载的部分汽车销售数据，利用这些数据可以统计出每个月或1季度各种车型或各种品牌的销售量和销售额，各企业的销售量和销售额等。计算所需的各种车的销售价格或其他数据可以从网上查询获得。根据统计结果还可以评出最畅销的品牌或车型等。

（2）青年歌手大奖赛决赛的参考数据如图 2-4-2 所示，要求完成以下任务。

2011年1月至3月汽车销售数据					
企业	品牌	车型	1月	2月	3月
北京奔驰	北京奔驰	C级	2100	1700	2300
北京奔驰	北京奔驰	E级	3100	2700	3700
北京现代	北京现代	伊兰特	13700	9200	12000
北京现代	北京现代	悦动	22100	14800	17200
北京现代	北京现代	途胜	6200	4100	5600
东风日产	东风日产	天籁	35300	7300	13100
东风日产	东风日产	轩逸	13700	8300	13800
东风日产	东风日产	逍客	7100	6400	8300
上海大众	上海大众	朗逸	23900	16500	22300
上海大众	上海大众	桑塔纳	11100	7700	10100
上海大众	上海大众	途观	18400	17900	9300
上海通用	上海通用别克	君越	11200	8300	11100
上海通用	上海通用雪佛	新赛欧	14200	10000	13800

图 2-4-1　部分汽车销售数据

	A	B	C	D	E	F	G	H	I	J	K	L	M	N	O
1	参赛号	歌手姓名	性别	选送单位	综合素质得分	评委1	评委2	评委3	评委4	评委5	评委6	评委7	最后得分	排名	奖项
2	17	李大海	男	黑龙江电视台	0.34	92.5	91.3	93.7	95.1	96.0	93.3	94.5			
3	25	黄涛	男	广西电视台	0.21	96.4	95.3	94.7	97.0	94.2	93.7	95.3			
4	6	马胜利	男	吉林电视台	0.47	90.8	93.1	88.6	94.8	92.4	93.7	92.3			
5	2	常帅	男	新疆电视台	0.13	93.7	95.5	94.9	94.9	90.3	97.0	93.5			
6	11	吴祖德	男	中国文联艺术中心	0.36	91.9	95.0	92.9	92.3	92.2	93.5	92.4			
7	23	顾佳佳	女	云南电视台	0.48	94.6	97.4	95.3	96.5	93.0	98.1	93.7			
8	5	张勇	男	解放军艺术学院	0.22	97.8	98.5	96.3	97.3	96.8	97.1	95.3			
9	14	赵静	女	内蒙古电视台	0.44	98.6	95.0	97.0	94.6	99.0	98.2	96.8			
10	7	汤晓东	男	空军政治部文工团	0.38	95.5	92.4	93.4	91.8	95.2	92.9	94.2			
11	13	王丽丽	女	北京电视台	0.46	93.6	94.8	95.0	93.7	92.6	91.7	95.3			
12	19	杨岚	女	湖北电视台	0.39	96.7	97.2	98.1	95.6	96.5	97.6	96.8			
13	4	刘志远	男	湖南电视台	0.45	94.1	95.3	93.6	92.8	93.3	95.8	94.9			

图 2-4-2　青年歌手大奖赛决赛的参考数据

① 计算出每位歌手的最后得分。计算方法为：去掉一个最高分和一个最低分后的平均值再加上综合素质得分。
② 按最后得分计算出排名。

③ 按排名填出奖项。第1名为一等奖，2~3名为二等奖，4~6名为三等奖，7~12名为优秀奖。

④ 通过工作表复制操作生成一个新的工作表，数据与原来的一样。

⑤ 在新的工作表中按排名递增进行排序。

⑥ 在新的工作表中使用高级筛选功能，筛选出综合素质得分大于0.4且排名在前6的歌手，筛选结果放在新的数据区域。

⑦ 使用分类汇总功能，在新工作表中求出男歌手、女歌手最后得分的平均值。

⑧ 输入居中的页眉，内容为"青年歌手大奖赛最后一轮比赛"；输入居中的页脚，内容为页码。

三、测试关键知识点

（1）数据排序可使工作表中的数据记录按照规定的顺序排列，从而使工作表条理更清晰。

① 默认排序顺序是Excel自带的排序方法。升序排序时的默认规定如下。

● 文本：按照首字的第一个字母进行排序。

● 数字：按照从最小的负数到最大的正数的顺序进行排序。

● 日期：按照从最早日期到最晚日期的顺序进行排序。

● 逻辑：按照"FALSE"在前、"TRUE"在后的顺序排序。

● 空白单元格：按照升序排序和按照降序排序时都排在最后。

② 按行简单排序是指对选定的数据按其中的一行作为排序关键字进行排序的方法。

在"排序"对话框中单击"选项"按钮，在打开的"排序选项"对话框（如图2-4-3（a）所示）中的方向下选择"按行排序"并单击"确定"按钮，这时"排序"对话框中关键字的选项就变成了行，如图2-4-3（b）所示。

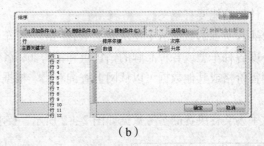

（a）　　　　　　　　　　　　　　　　（b）

图2-4-3　设置按行排序

③ 多关键字复杂排序是指对选定的数据区域按照两个以上的排序关键字按行或按列进行排序的方法。按多关键字复杂排序有助于快速直观地显示数据并更好地理解数据。

例如，要按三个关键字对学生成绩表进行降序排序。先在"排序"对话框中将主要关键字设为"物理"，并添加两个次要关键字"数学"和"外语"；然后在"排序选项"对话框中设置方向为按列排序，方法为字母排序。排序结果如图2-4-4所示。

	A	B	C	D	E	F	G
1	姓名	性别	物理	数学	外语	平均分	
2	龙丽波	女	93.00	95.00	78.00	88.67	
3	董雯	女	93.00	80.00	93.00	88.67	
4	冯双润	女	89.00	90.00	85.00	88.00	
5	宁丙侯	男	85.00	84.00	79.00	82.67	
6	龚大海	男	85.00	69.00	76.00	76.67	
7	张国强	男	84.00	91.00	90.00	88.33	
8	杨慧	女	84.00	77.00	81.00	80.67	
9	黄盈盈	女	83.00	76.00	89.00	82.67	
10	王晓强	男	83.00	76.00	67.00	75.33	
11	杜号	男	78.00	66.00	80.00	74.67	
12	费明	女	77.00	91.00	89.00	85.67	
13	许晶晶	女	75.00	85.00	98.00	86.00	

图2-4-4　多关键字排序结果

从图中加框的部分可以明显地观察到多关键字排序的效果。当第一关键字相同时按第二关键字排序；当第二关键字也相同时再按第三关键字排序。

④ 自定义排序是指对选定的数据区域按用户定义的顺序进行排序的方法。

在"排序"对话框中单击"次序"列表框的下拉箭头，在展开的列表中选择"自定义序列"选项，打开"自定义序列"对话框，在该对话框中选择所需的序列，如星期、月份等，即可让关键字按此序列排序。

（2）高级筛选是指根据条件区域设置筛选条件而进行的筛选，操作的主要步骤如下：

① 建立筛选条件，如图 2-4-5 左边所示。在图中，下面的筛选条件对应的逻辑条件是：歌手姓王或综合素质得分大于 0.4；上面的筛选条件对应的逻辑条件是：综合素质得分大于 0.4 且排名在前 6 的歌手。

② 在"高级筛选"对话框中设置方式为"将筛选结果复制到其他位置"，选择"列表区域""条件区域"和"复制到"的位置，筛选结果如图 2-4-5 右边所示。

图 2-4-5　条件区域及筛选结果

四、测试步骤小结

针对如图 2-4-1 所示的部分汽车销售数据表，写出完成以下任务的步骤。

（1）统计出 2011 年 1 季度各车型的销售量及销售量排名的步骤为：

（2）统计出 2011 年 1 季度各车型的销售额（各车型的销售价格请自己上网查询获得）的步骤为：

（3）利用车型及 1 月、2 月、3 月四列数据绘制销售情况柱形图的步骤为：

一、测试目的

（1）掌握幻灯片母版的设计过程。
（2）掌握增强幻灯片动感活力的方法，提高综合应用所学知识的能力。

二、测试任务与要求

1. 测试内容

　　按图 2-5-1 所示的实验结果参考样例，建立一个演示文稿，制作 12 张以上的幻灯片。可自己选定演示文稿的内容和题材，但严禁抄袭他人作品。也可以在本书实验 9 已完成的演示文稿的基础上，通过丰富内容、改进布局、加强美化、增加表现方式等方法，制作出符合本测试要求的演示文稿。

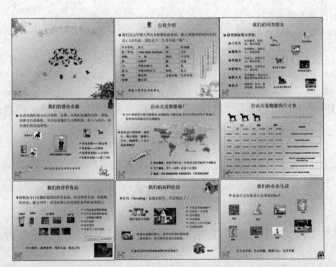

图 2-5-1　演示文稿参考样例

2．测试要求

（1）根据自己选择的题目收集需要展示的数据和资料，合理组织每一张幻灯片的内容。

（2）自己设计母版，即在母版中设计标题格式，背景颜色或图片，页眉和页脚，日期和时间，幻灯片编号，Logo 标志等内容。

（3）设计每一张幻灯片的版式，合理布局各对象，恰当设置文字的大小和颜色，加入适当的图片、声音和动画。

（4）设置适合的动画、幻灯片切换效果和放映方式。

（5）在制作演示文稿时，尽可能多地将所学到的 Office 办公软件的知识应用其中，充分展示自己的综合应用能力。

三、测试关键知识点

（1）设计母版时，常需要设置母版的背景或主题。

选择"视图"选项卡，在"母版视图"选项组中单击"幻灯片母版"命令按钮，打开幻灯片母版视图。在该视图中单击"背景"选项组右下角的"对话框启动器"按钮，打开"设置背景格式"对话框，如图 2-5-2 所示。在该对话框中可为背景设置纯色填充、渐变填充、图片或纹理填充及图案填充。

在幻灯片母版视图中，单击"编辑主题"选项组中的"主题"命令按钮可以为幻灯片母版添加主题。使用"编辑主题"选项组中的颜色、字体和效果命令按钮，可以对主题进行编辑。编辑主题颜色的下拉列表框如图 2-5-3 所示，选择"新建主题颜色"选项可以打开"新建主题颜色"对话框，对主题中各类文字的颜色进行设置。

图 2-5-2　"设置背景格式"对话框

图 2-5-3　设置主题颜色

（2）可以为幻灯片中的对象添加一种或多种动画效果。除可以添加"进入"时、"强调"时和"退出"时的动画效果外，还可以设置路径，即让图片按照指定的路径移动，如图 2-5-4 所示。路径可以选择系统提供的类型，也可以自己定义或绘制。

（3）在"动画窗格"中，右键单击已定义好的动画，在其下拉列表中选择"效果选项"打开效果设置对话框，如图 2-5-5 所示。

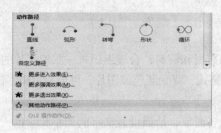

图 2-5-4　设置路径　　　　　　　　　　　图 2-5-5　效果设置

　　在效果设置对话框中，选择"效果"选项卡，可以设置动画的方向，添加系统提供的声音或其他声音文件中的声音，设置动画播放后的效果，设置动画文本的播放方式；选择"计时"选项卡，可以设置动画开始的方式，动画播放的速度，动画如何重复播放等；选择"正文文本动画"选项卡，可以设置组合文本的播放方式，如作为一个对象播放、所有段落同时播放或按第一级段落播放等。

　　（4）在幻灯片中插入图表。选择"插入"选项卡，在"插图"选项组中单击"图表"命令按钮，打开"插入图表"对话框。在该对话框中选择图表类型并单击"确定"按钮，此时将自动启动 Excel，如图 2-5-6 所示。在表格中输入数据然后关闭 Excel，即可生成图表。

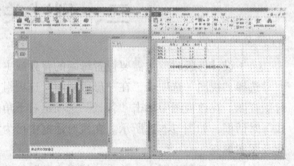

图 2-5-6　插入图表

四、测试步骤小结

　　针对测试要求写出完成以下任务的步骤。

　　（1）设计母版的步骤为：

　　（2）设置一个动作按钮的步骤为：

　　（3）设置文本框中文本行距的步骤为：

测试 6
网络命令应用测试

一、测试目的

（1）掌握 ping、tracert、ipconfig、nbtstat 等网络命令的功能及一般用法。
（2）能应用上述命令进行网络连通、网络状态、网络配置的查看及测试。

二、测试任务与要求

请对你所在的机房进行网络环境测试，并根据调查与测试的结果，填写表 2-6-1。

表 2-6-1　　　　　　　　　　　　机房网络环境调查表

客户端基本情况	计算机名	工作组	操作系统
客户端网络配置	IP 地址	子网掩码	网关
	DNS	当前连接名称	当前网卡物理地址
因特网联通情况	所处因特网的 ISP（可用辅助工具，如 IPLocater 协助查证）		
	ping 基本情况		
	DNS： 校园门户： 外网地址：		
	路由跟踪情况		
所在网络环境的拓扑结构（例如机房）本项为选做项			

三、测试关键知识点

（1）通过 nbtstat 命令的适当应用，查看计算机名及工作组名。

（2）通过 ipconfig 命令的恰当应用，找出有效的网卡配置信息。

（3）通过一组 ping 命令的应用，了解本机、本机与本网段计算机、本机与外网段计算机、本机与因特网的连通情况。

（4）通过本地使用的 DNS 情况，以及探测外网过程中的路由跟踪情况，了解自己所在网络的 ISP 归属，以及进入因特网所途经的路径情况。本操作过程以 tracert 命令为主，可以辅助多种定位工具或命令加以完成。

四、测试步骤小结

（1）Nbtstat 命令可以查看本机及远程计算机的 NETBIOS 信息，根据系统帮助，查看本机信息采用的命令应该为：_____。

（2）将通过 Ipconfig 命令获取的关键参数填写在下方空白处。

（3）通过 ping 检测网络通路的一般次序为：

ping 127.0.0.1→ping 本机 IP→ping 同网段计算机的 IP→ping 网关 IP→ping 其他网段的目标计算机的 IP。当然也可以通过 ping 计算机名、DNS 服务器判断计算机名解析的正确性。其中"127.0.0.1"是一个本机地址，另外它还有个别名叫"Localhost"，可以实现本机网络协议的测试或本地进程间的通信。具体检测命令及结果请填写如下：

① _____

② _____

③ _____

④ _____

⑤ _____

（4）所在的网络归属为：_____

① 判断方法或依据为：

② tracert 追踪路由情况如下：

③ 你是否应用了辅助工具或方法，情况如下：

测试 7
Internet 应用及安全

一、测试目的

（1）掌握 Internet 的主要服务，熟悉 SMTP、POP3、IMAP 等应用层协议及服务；

（2）对 Internet 的安全问题有一定的认识，能够识别并降低一般性风险。

二、测试任务与要求

（1）基于 Outlook Express/Outlook 的 E-mail 应用测试。

① 邮件账号的获取。准备一个已有的 E-mail 账号，若没有请在 www.163.com、www.sohu.com 等站点注册一个免费邮箱。

② 邮件账号的设置。启动 Outlook Express 软件或者 Office outlook，按提示设置邮件账号，配置过程注意输入正确的 SMTP 及 POP3/IMAP 参数。

③ 收邮件与发邮件。写一封问候信发送到教师指定的邮箱，同时抄送给你的 2 位同学，主题及内容格式由教师制定或自定。

④ 设置邮件的安全。邮件设置样例如图 2-7-1 所示。

图 2-7-1　Outlook 中邮箱的设置

（2）在电子商务、网络购票等应用场合，在线支付的安全问题以及对钓鱼站点的防范非常重要。以网上银行为例，试述如何识别站点的可信性，以及通过在浏览器上的操作，如何实现站点的安全管理。

三、测试关键知识点

1. Outlook Express 与 Outlook 软件的区别

Outlook Express 是 Windows 操作系统提供的电子邮件客户端。Outlook Express 支持 Internet 标准系统中的简单邮件传输协议 (SMTP)、邮局协议 3 (POP3) 和 Internet 邮件访问协议 (IMAP)。它提供对目前最重要的电子邮件、新闻和目录标准的完全支持，并全面支持 HTML 邮件。可以使用自定义的背景和图形创建个性化邮件，这使得创建独特的、具有良好视觉效果的邮件变得非常容易。对于生日或假日等特殊情况，Outlook Express 还包含由 Greetings Workshop 和 Hallmark 设计的信纸。

Outlook 是 Microsoft 的集成到 Microsoft Office 和 Exchange Server 中的独立应用程序。Outlook 还提供与 Internet Explorer 的交互和集成。电子邮件、日历和联系人管理等功能在 Outlook 中较为完善。Outlook 可以查找和组织信息，并提供强大的收件箱规则以方便筛选和组织电子邮件。Outlook 适用于 Internet（SMTP、POP3 和 IMAP4）、Exchange Server 或任何其他基于标准的、支持消息处理应用程序接口 (MAPI) 的通讯系统（包括语音邮件）。Outlook 基于 Internet 标准，支持目前最重要的电子邮件、新闻和目录标准，包括 LDAP、MHTML、NNTP、MIME 和 S/MIME、vCalendar、vCard、iCalendar 等，并且完全支持 HTML 邮件。

除此之外，Foxmail、Enhanced Email（手机应用）等诸多其他类型的邮件收发客户端工具也同样拥有优秀的功能。

2. 安全站点识别技术要点

（1）金色安全锁。当用户登录安全链接页面时，浏览器将会自动显示金色安全锁标记。此时用户在线输入的信用卡号、交易密码、个人隐私信息等机密数据在网络传输过程中将不会被随意查看、窃取和修改。不同版本的浏览器"金色安全锁"放置位置不尽相同，但看到金色安全锁标记，在线提交信息安全就有了一定程度上的保障。如图 2-7-2 所示。

图 2-7-2　安全链接锁标识

（2）HTTPS。当网民访问有 SSL 证书保护的加密页面时，地址栏网址也会由"http"自动变成"https"，如图 2-7-3 所示。如同金色安全锁标记一样，此时提交的信息得到了安全加密保护。

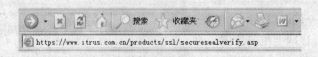

图 2-7-3　https 标识

（3）SSL 证书信息。

所有的 SSL 证书均可以让网页展现"金色安全锁"和"HTTPS"标记，但并不意味着该网站完全可信。部分网站可能只使用了仅提供加密功能的低端 SSL 证书，此类证书不但加密强度有限，而且签发过程只要域名正确 10 分钟内便可签发，也就是说一个钓鱼网站也有可能在 10 分钟内得到该证书。对于网民来说，辨别网站至关重要的一步就是点击"金色安全锁"查看 SSL 证书的具体身份信息，如 SSL 证书的签发机构、SSL 证书所有人信息等，如图 2-7-4 所示。

图 2-7-4　安全证书查看

四、测试步骤小结

1. 应用 outlook/outlook express 收发邮件

（1）邮箱信息及参数如下。

E-mail 账号：_____。

SMTP 信息：_____。

POP3 信息：_____。

IMAP 信息：_____。

（2）在邮件收发工具软件中所做的安全设置（用户组策略、收发规则、附件规则、垃圾邮件定义等）为：

2. 可信站点的识别与安全站点的设定

（1）以 https://vip.icbc.com.cn 为例，叙述如何识别该站点是否为可信站点。

（2）假设 office.kmust.edu.cn 是受信任的网络办公站点，如何在浏览器中将其设定为安全站点？

一、测试目的

（1）掌握 SELECT 命令的基本功能和用法。

（2）掌握 INSERT、UPDATE 和 DELETE 等命令的基本功能和用法。

二、测试内容与要求

（1）在查询中查看 SELECT 语句。

在本书实验 13 的"创建查询"中，创建了"人员基本情况""通讯录"和"查询男员工"3 个查询，显示由系统自动生成的 SELECT 查询语句。测试结果参考如图 2-8-1、图 2-8-2、图 2-8-3 所示。

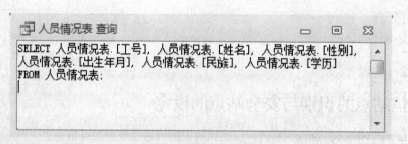

图 2-8-1　完成"人员基本情况"查询的 SELECT 语句

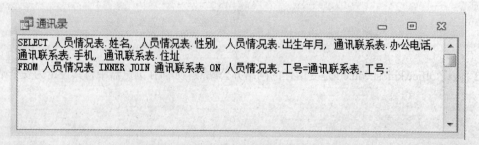

图 2-8-2　完成"通讯录"查询的 SELECT 语句

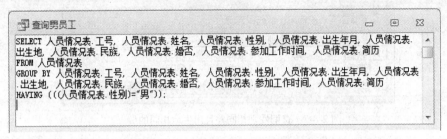

图 2-8-3 完成"查询男员工"查询的 SELECT 语句

（2）应用 SELECT 语句完成查询。

① 用 SELECT 完成对"人员情况表"的查询，要求查询出民族为"汉"的所有员工。测试实验结果参考如图 2-8-4 所示。

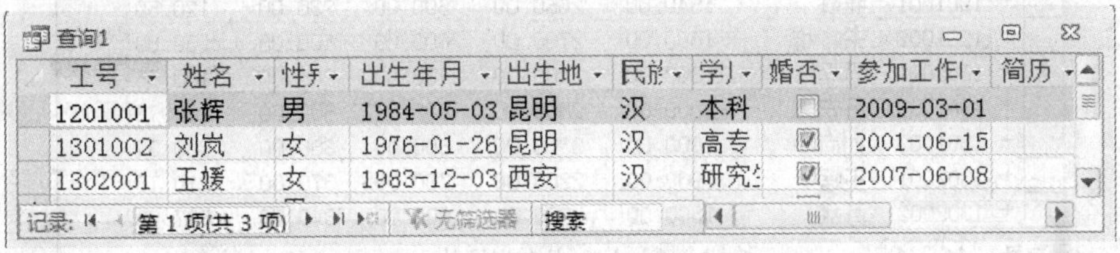

图 2-8-4 用 SELECT 语句查询汉族员工

② 用 SELECT 完成对"工资表"的查询，要求查询员工的工资，同时统计输出"应发工资"和"实发工资"。测试结果参考如图 2-8-5 所示。

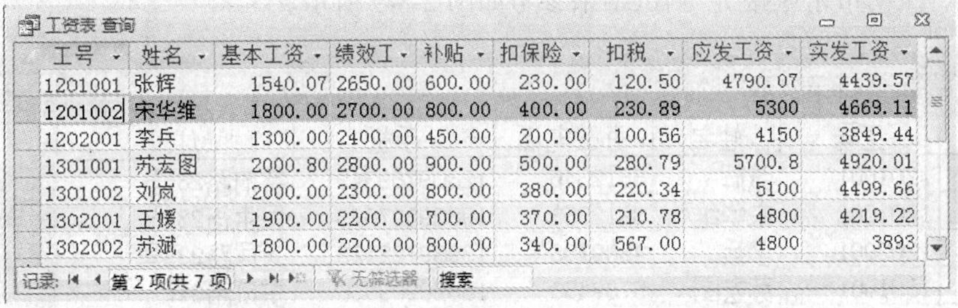

图 2-8-5 用 SELECT 语句输出有统计结果的工资表

③ 用 SELECT 完成对"人员情况表"的统计，要求按照"性别"统计员工人数。测试结果参考如图 2-8-6 所示。

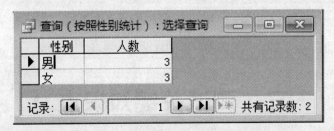

图 2-8-6 按照性别统计员工人数结果

④ 用 SELECT 在"人员情况表"中，查询与"张辉"有相同性别并且是相同出生地的员工。测试结果参考如图 2-8-7 所示。

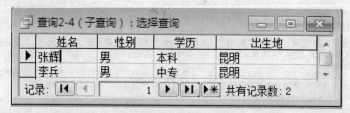

图 2-8-7 查询性别相同并且出生地相同的员工

（3）应用 UPDATE 命令给"工资表"中基本工资少于 2000 元的员工每人增加绩效工资 200 元。测试结果参考如图 2-8-8 所示。

工号	姓名	基本工资	绩效工资	补贴	扣保险	扣税
+ 1201001	张辉	1540.00	2650.00	600.00	230.00	120.50
+ 1201002	宋华维	1800.00	2700.00	800.00	400.00	230.89
+ 1202001	李兵	1300.00	2400.00	450.00	200.00	100.56
+ 1301001	苏宏图	2000.00	2800.00	900.00	500.00	280.79
+ 1301002	刘岚	2000.00	2300.00	800.00	380.00	220.34
+ 1302001	王媛	1900.00	2200.00	700.00	370.00	210.78
+ 1302002	苏斌	1800.00	2200.00	800.00	340.00	567.00

记录：14 ◀ 3 ▶ ▶I ▶* 共有记录数: 7

图 2-8-8 UPDATE 命令执行后的工资表

（4）应用 INSERT 命令在"通讯联系表"中增加记录（1402001，张原华，5716866，13098706337，昆明市东风路）。测试结果参考如图 2-8-9 所示。

工号	姓名	办公电话	手机	住址
1201001	张辉	5812345	12309789342	学府路28号
1201002	宋华维	3912356	19809897673	民生街23号
1202001	李兵	4589785	13989722123	人民路235号
1301001	苏宏图	5789456	13898989856	东风路3号
1301002	刘岚	5674567	12098765435	景明路357号
1302001	王媛	6756745	13098767857	彩云南路3031
1402001	张原华	5716866	13098706337	昆明市东风路

记录：14 ◀ 7 ▶ ▶I ▶* 共有记录数: 7

图 2-8-9 INSERT 命令插入一条记录

（5）应用 DELETE 命令删除"工资表"中的姓名为"李兵"的记录。

三、测试关键知识点

（1）SELECT 查询语句是 SQL 的主要语句，具有强大的数据组织功能，在数据库中的大多数查询和统计功能都是由 SELECT 完成的。

（2）SELECT 的基本结构是：

SELECT .... FROM ....WHERE......

　　ORDER.......BY ......

　　GROUP.......BY.......。

（3）SELECT 可以调用函数进行运算，如：

SELECT　AVG（基本工资）　AS　平均基本工资

（4）对于在表中没有字段对应的统计结果，用 AS 定义一个名称，可在显示时达到与字段名相同的效果。如图 2-8-5 中的"应发工资"和"实发工资"，它们与"基本工资"和"绩效工资"的显示效果是一样的。

（5）在查询中查看 SELECT 语句的方法：打开数据库后，选择"查询"，双击打开一个查询表，单击"视图"菜单，选择"SQL 视图"。

（6）在 Access 数据库中不能直接编写 SQL 语句，要借用查询功能中的"SQL 视图"来完成。操作方法如下：

① 在 Access 数据库窗口中选"查询"。

② 在"查询"中选"在设计视图中创建查询"命令，进入对话框后，单击"关闭"（生成了一个空查询）。

③ 从"视图"菜单中，选择"SQL 视图"。

④ 输入 SELECT 语句。

⑤ 单击"!"执行。

（7）工资表中没有"应发工资"和"实发工资"字段，要完成本章节第（2）题中第 ②小题的要求，SELECT 语句中必须用"AS"进行定义，如：ROUND（（基本工资+绩效工资+补贴），2）AS 应发工资，ROUND（（应发工资-扣保险-扣税），2）AS 实发工资。

ROUND（）是舍入函数，完成对数据的四舍五入处理，同时决定保留小数的位数。

例如：将工资表中的基本工资和绩效工资相加得到工资小计的 SELECT 语句如下：

SELECT 工号，姓名，基本工资，绩效工资，ROUND（（基本工资+绩效工资），2）AS 工资小计 FROM 工资表。

（8）完成本章节第（2）题第③小题，在 SELECT 语句中要应用 COUNT（）函数将统计结果存入"人数"临时字段。注意，分类统计要应用分组语句"GROUP　BY"来完成。

例如：在人员情况表中按出生地统计人数，SELECT 语句如下：

SELECT 出生地，COUNT（*）AS 人数

FROM 人员情况表

GROUP BY 出生地。

（9）本章节第（2）题第④小题是一嵌套查询，可参照《大学计算机基础》中例 7-23 编写 SELECT 语句。

（10）完成本章节第 3 题的 SQL 命令的一般格式为：

UPDATE 表名 SET 赋值表达式

WHERE 表达式。

例如：在工资表中，给基本工资小于 1800 元的人员增加补贴 100 元，SELECT 语句如下：

UPDATE 工资表 SET 补贴 = 补贴+100

WHERE 基本工资<1800。

（11）完成本章节第 4 题的 SQL 命令的一般格式为：

INSERT　INTO　表名（字段 1 字段 2，……字段 n）

VALUES（常量 1，常量 2，……常量 n）。

例如：将通讯联系表加入一条记录，只填"工号，姓名，办公电话" 3 个字段，SELECT 语句如下：

INSERT INTO　通讯联系表（工号，姓名，办公电话）

VALUES（"1502002"，"李丽宏"，"5716761"）。

（12）完成本章节第 5 题的 SQL 命令的一般格式为：

DELETE　*　FROM　表名　WHERE　表达式。

例如：将通讯联系表中办公电话为"5716761"的记录删除，SQL 语句如下：

DELETE *　FROM　通讯联系表　WHERE　办公电话="5716761"。

四、测试步骤小结

（1）测试项目第 1 题的步骤（命令）为：

（2）测试项目第 2 题第（1）小题的步骤（命令)为：

（3）测试项目第 2 题第（2）小题的步骤（命令)为：

（4）测试项目第 2 题第（3）小题的步骤（命令)为：

（5）测试项目第 2 题第（4）小题的步骤（命令)为：

（6）测试项目第 3 题的 SQL 命令为：

（7）测试项目第 4 题的 SQL 命令为：

（8）测试项目第 5 题的 SQL 命令为：

测试9
建立图书管理数据库

一、测试目的

（1）应用 Access 2010 完成建立数据库的综合训练，测试掌握建立数据库、表、查询、窗体、报表的应用能力。

（2）测试在 SQL 中，对于 SELECT 语句的应用能力。

二、测试任务与要求

设有下列图书数据表"图书登记表"和"图书借阅登记表"，如表 2-9-1 和表 2-9-2 所示。

表 2-9-1 　　　　　　　　　　　　　　图书登记表

书号	书名	作者	出版社	出版日期	定价
0101001	高等数学	李斌	高等教育出版社	2010/03/02	30.00
0102002	大学物理	宋三维	电子工业出版社	2000/02/01	28.00
0201001	大学英语	董鸿	外语出版社	1999/01/26	23.00
0201002	德语基础	李苏章	高等教育出版社	1998/04/25	27.00
0301001	计算机基础	刘佳	清华大学出版社	2011/06/05	26.00
0301002	C 语言设计	王阳	高等教育出版社	2000/09/10	21.00

表 2-9-2 　　　　　　　　　　　　　　图书借阅登记表

书号	书名	借阅人	借出日期	归还日期	图书状况	备注
0101001	高等数学	高华	2011/01/26	2011/06/05	完好	
0201001	大学英语	李明岚	2012/01/08			
0301001	计算机基础	张丽	2010/8/9			
0301002	C 语言设计	张平	2011/09/12	2011/12/20	完好	

完成下列操作。（（13）～（15）为选做题）

（1）建立"图书管理.accdb"数据库。

（2）在图书管理数据库中建立两个表，表名分别为"图书登记表"和"图书借阅登记表"。将"图书登记表"的"书号"设置为主键。

（3）将"图书登记表"和"图书借阅登记表"建立关系。结果参考如图 2-9-1 所示。

（4）将"图书登记表"中的书号、书名、作者建立索引，均为升序。结果参考如图 2-9-2 所示。

图 2-9-1　两表建立关系

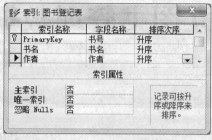

图 2-9-2　建立索引

（5）创建"图书登记"查询，只要求列出高等教育出版社出版的图书。结果参考如图 2-9-3 所示。

图 2-9-3　选择查询结果

（6）创建"图书借阅情况"查询，只要求列出"借阅人、书名、出版社、定价、借出日期"5 项内容。结果参考如图 2-9-4 所示。

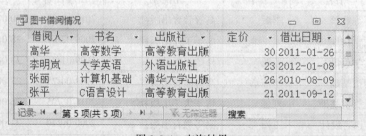

图 2-9-4　查询结果

（7）创建"图书登记"窗体，布局采用"纵栏表"。

（8）创建"图书借阅登记"窗体，布局采用"表格"。

（9）创建"图书登记"报表，用"书号"升序排序，布局采用"表格"，方向为"纵向"。

（10）创建"图书借阅情况"报表，数据从本节第（6）题所创建的"图书借阅情况"

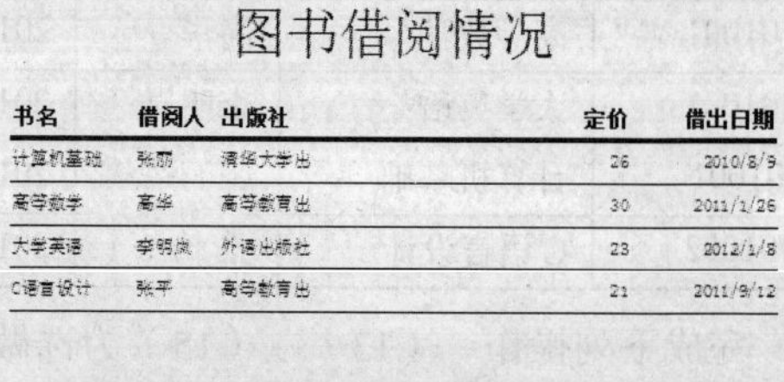

图 2-9-5　经过调整加横线的报表

查询中获取，要求用"书名"降序排序，布局采用"表格"，方向为"纵向"，表头居中，每行用横线分隔。结果参考如图 2-9-5 所示。

（11）应用 SELECT 语句生成查询，取名为"查询 11"，要求应用函数统计并查询出图书的总价、平均价、最高价、最低价。结果参考图 2-9-6。

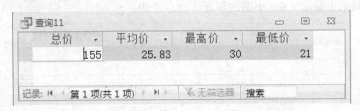

图 2-9-6　应用函数统计出的结果

（12）应用 SELECT 语句生成查询，取名为"查询 12"，要求查询出价格大于等于 25.00 元的图书。

（13）应用 SELECT 语句生成查询，取名为"查询 13"，要求查询出价格小于等于 26.00 元，并且由高等教育出版社出版的图书。

提示："与"条件用 AND 连接。如：定价<=26 AND 出版社="高等教育出版社"。

（14）应用 SELECT 语句生成查询，取名为"查询 14"，要求查询出 2011 年 1 月 1 日后借出的图书。

提示：在写条件表达式时，要用"#"将日期值包围起来。如：借出日期>=#2011/1/1#。

（15）应用 SELECT 语句生成查询，取名为"查询 15"，要求查询出作者姓"张"，并且由高等教育出版社出版的图书。

提示：用模糊查询。如：作者 LIKE "张*" AND 出版社="高等教育出版社"。

三、测试关键知识点

（1）要求掌握创建数据库的方法，同时能够把已经建立的数据库放到硬盘相应的文件夹进行保存。

（2）要求掌握创建表格、查询、窗体、报表的方法。创建表由"表设计"完成；创建查询由"查询向导"完成；创建窗体由"窗体向导"完成；创建报表由"报表向导"完成。

（3）对于需要更改表的结构和有特殊要求的查询、窗体、报表，要使用"设计视图"进行修改和维护。

（4）要求掌握在 Access 中应用 SELECT 语句进行一般查询、组合查询、模糊查询、函数应用和统计计算的方法。SELECT 语句的输入和应用方法参考本书"测试 8 中测试关键知识点的第（6）条"。

四、测试步骤小结

（1）测试项目第 1 题第（5）小题的步骤（命令）为：

（2）测试项目第 1 题第（6）小题的步骤（命令）为：

（3）测试项目第 1 题第（7）小题的步骤（命令）为：

（4）测试项目第 1 题第（9）小题的步骤（命令）为：

（5）测试项目第 1 题第（10）小题的步骤（命令）为：

（6）测试项目第 1 题第（11）小题的步骤（命令）为：

（7）测试项目第 1 题第（12）小题的步骤（命令）为：

测试 10 图像处理

一、测试目的

（1）掌握选区工具、渐变工具的使用方法及其选项设置。

（2）掌握图层混合模式、图层样式的使用，以及调节层的使用。

（3）掌握路径工具的使用，路径转换为选区的方法。

（4）掌握文字工具的使用。

二、测试任务与要求

利用素材"丽江风景.jpg，人物.jpg"为丽江制作一幅宣传海报，文件保存为"丽江风情.psd"。完成后的最终效果及图层分布如图 2-10-1 所示。

图 2-10-1　"丽江风情"完成效果及图层分布

三、测试关键知识点

（1）使用"渐变工具"制作背景层渐变效果。渐变的思想是从一种颜色过渡到另外一种颜色，可设置线性渐变、径向渐变等，也可选择渐变是否透明。本测试中"背景"层使用了前景色（RGB255，255，255）到背景色（RGB80，140，190）的不透明径向渐变，人物双手间的区域为渐变的起始点和中心点。

（2）利用"魔术橡皮擦工具"把"丽江风景.jpg"图片的远处天空背景去除。"魔术橡皮擦工具"类似"魔术棒工具"，只是选取的区域被直接清除。

（3）使用"自由变换（Ctrl+T）"调整图像大小、方向和位置。图像处理时"自由变换"的使用非常频繁，因为获取的图像素材几乎没有一个尺寸是为图像合成量身定制的。

（4）图层混合模式、图层样式、调节层的使用。Photoshop 中的图层类型较多，包括背景层、普通层、效果层、调节层、形状层、蒙版层、文本层等。

① 利用"图层"调板可显示当前图像的所有图层，设置当前图层的混合模式（混合选项）、不透明度等参数，并可以方便对图层进行调整和修改。图层的混合模式主要有：正常、变暗、溶解等。

② 利用"图层样式"对话框可设置图层样式，产生很多丰富的图层效果，图层样式有投影、内阴影、外发光、内发光、描边等。

本测试中"丽江风景"层使用了"投影"图层样式、"背景图案调节层"为"图案"调节层，图层混合模式为"变暗"，不透明度为 10%。"丽江风情"文字图层使用了"描边"图层样式，描边颜色黑色，"丽江风情1"文字图层也使用了描边颜色为白色的"描边"图层样式，两个文字图层的文字稍微错位产生立体的效果。

（5）蒙版的使用。蒙版用来屏蔽（即隐藏）图层中图像的某个部分（或区域），蒙版不会破坏图像，并且能提供更多的后期修改空间。本测试中"人物"层使用了图层蒙版，蒙版中使用了从黑色到白色的不透明渐变，让人物裙子部分产生渐变的效果，使得人物和背景的过渡更加自然。

（6）使用路径，路径转换为选区。路径的最大的特点是容易编辑，特别是在特殊图像的选取等方面，路径工具具有较强的灵活性。在本测试中，在"人物.jpg"中使用路径获取人物，先用"钢笔工具"绘制大概路径，结合"直接选择工具"和"转换点工具"修改路径，使路径更贴合人物，再把路径转换为选区。

（7）基本选区工具的使用，选区填充。本测试中图像右侧的灰色和粉红色区域，图像上方的灰色矩形块均是使用"矩形选框工具"绘制的，并填充颜色。

（8）文字工具的使用。文字工具的使用相对简单，注意设置合适的字体大小和颜色，也可通过文字图层样式的设置使文字产生特殊效果。

四、测试步骤小结

（1）新建文件，尺寸大小为 12cm×17cm，分辨率为 150dpi，背景为白色。

（2）在"背景"层中，使用＿＿＿＿＿＿＿工具制作如图 2-10-2 所示的渐变效果。设置前景色为（RGB

255，255，255），背景色为（RGB 80，140，190），渐变方式为_____，从渐变中心点向外拖动鼠标制作渐变效果。

（3）打开"丽江风景.jpg"，利用_____工具去除远处天空背景，"容差"为_____，"连续"是否选中_____。处理好后把图像复制到"新建文件"，图层重命名为"丽江风景"，利用_____工具调整大小和位置。完成效果如图 2-10-3 所示。

图 2-10-2　背景层渐变效果　　　　图 2-10-3　丽江风景图像位置

（4）选中"丽江风景"图层，打开"图层样式"对话框，设置图层样式为_____。参数设置：混合模式为_____，颜色_____，不透明度_____，距离_____，扩展_____，大小_____，如图 2-10-4 所示，完成效果如图 2-10-5 所示。

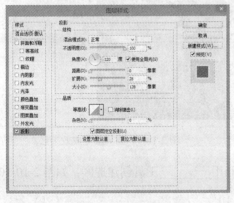

图 2-10-4　投影样式设置　　　　图 2-10-5　投影样式效果

（5）打开"人物.jpg"文件，利用_____工具沿人物绘制路径，把路径转变为选区，人物复制到"新建文件"，图层重命名为"人物"，利用_____工具调整人物大小和位置。

（6）选中"人物"层，选择"选择"→"载入选区"，在对话框的"通道"后选择_____载入选区，人物被选中，选择菜单"编辑"→"填充"，使用"黑色"填充选区，完成效果如图2-10-6 所示。

（7）选中"人物"图层，添加_____蒙版，在蒙版图层用_____工具制作黑色到白色的线性渐变区域，使人物裙子部分产生渐变的效果，完成效果如图 2-10-7 所示。

图 2-10-6　人物选区填充黑色　　　　图 2-10-7　人物图层蒙版及渐变效果

（8）单击"图层"调板下方的"创建新的填充或调整图层"，在菜单中选择"图案"，打开对话框，如图 2-10-8 所示，选择图案，确定后就添加了一个图案调节层。图层重命名为"背景图案调节层"，在"图层"调板设置混合选项为_____，不透明度为_____，完成效果和图层如图2-10-9 所示。

图 2-10-8　添加"图案"调节层　　　　图 2-10-9　调节层完成效果

（9）新建图层，命名为"顶部白色"，利用_____工具创建选区，如图 2-10-10 所示，并填充颜色为_____，完成效果如图 2-10-11 所示。

图 2-10-10　图像顶部选区　　　　图 2-10-11　选区填充白色

（10）新建图层，命名为"右侧和顶部色块"，利用_____工具创建选区，并填充颜色为灰色（RGB190，190，190）。再用相同的方法绘制右侧下方的粉红色区域和上方的 10 个灰色矩形块，完成效果如图 2-10-12 所示。

（11）利用"直排文字工具"输入黑色文字"诗情画意"，设置字体，大小和位置。相同的方法输入白色文字"神仙画境"，设置字体，大小和位置。

（12）利用"文字工具"输入黑色文字"丽江风情"，设置字体，大小和位置。打开"图层样式"对话框，设置图层样式为"描边"，描边颜色黑色。复制"丽江风情"文字层，新图层重命名为"丽江风情 1"，文字颜色改为灰色（RGB190，190，190），设置图层样式为"描边"，描边颜色白色。

把"丽江风情"和"丽江风情 1"文字层稍微错位，出现立体的效果。

（13）利用"文字工具"输入灰色（RGB190，190，190），文字"LIJIANGFENGQING"。所有文字层完成效果如图 2-10-13 所示。

图 2-10-12　利用选区绘制色块　　　　　图 2-10-13　添加文字

（14）完成制作，保存文件为"丽江风情.psd"。最后完成的效果如图 2-10-1 所示。

测试 **11**
Flash 动画制作

一、测试目的

（1）掌握动画素材的导入方法。

（2）掌握元件的制作和使用方法，了解元件和实例的关系。

（3）了解动画补间动画，引导路径动画的制作方法。

（4）掌握在动画中使用音频的方法。

二、测试任务与要求

利用提供的"海底.png""水泡.png"和"冒泡声.mp3"素材制作水中冒泡的效果。要求有多个泡冒出，水泡有大有小，冒泡的顺序不应完全一样。最后完成的动画文件保存为"水中冒泡.fla"，动画效果、时间轴和库面板如图 2-11-1 所示。

图 2-11-1 "水中冒泡"动画效果的时间轴及库面板

三、测试关键知识点

（1）用"任意变形工具"调整海底图片铺满舞台，并从第 1 帧一直持续到动画结束。

（2）水泡从开始冒出到消失，在开始冒出位置和结束位置各需一个关键帧，基本动画方式为"动画补间动画"。水泡冒出过程中，颜色越来越淡，最后消失，故需调节冒出位置和消失位置"水泡"的颜色（Alpha 值），但如果在开始位置和结束位置直接使用"水泡"图片，是不能直接调整 Alpha 值的，应将水泡图片制作为图形元件，元件名为"单个水泡"。

（3）水泡冒出的路线不是直线，而且水泡冒出的动画效果需多次使用，故应制作一个影片剪辑元件，该影片剪辑元件使用上面制作好的"单个水泡"图形元件。制作时，在一个图层上用铅笔绘制水泡冒出的路径，在另外一个图层上添加两个"单个水泡"图形元件的实例，两个实例应分别添加到两个关键帧中，即水泡冒出位置和结束位置，分别调整实例的大小和位置，让实例的中心点对准路径的起点和终点，利用"属性"面板调节实例的颜色（Alpha 值），最后在两个关键帧间创建"动画补间动画"，用引导路径的方式实现水泡冒出、并逐渐消失的动画效果。完成的影片剪辑元件命名为"水泡及引导线"。

（4）"水泡及引导线"影片剪辑元件只能表现一个水泡冒出的效果，为制作成堆水泡冒出的效果，需再制作一个影片剪辑元件，该元件使用上面制作好的"水泡及引导线"元件来完成。制作时，在新元件中添加多个"水泡及引导线"影片剪辑元件的实例，并调整每个实例的大小和位置，如图 2-11-4 左图所示。完成的影片剪辑元件命名为"成堆的水泡"。

（5）在冒泡的同时播放冒泡声，冒泡声时间较短，故需重复多次播放。

四、测试步骤小结

动画制作的基本过程包括：新建文件，导入素材，制作元件，在场景中组织元件，添加声音等。按下面的动画制作提示补充内容。

1. 新建文件

新建文件，背景为蓝色，RGB 值为_____，其余参数默认，把"图层 1"重命名为"海底背景"。

2. 导入素材

导入所需的图片和音频素材，制作"海底背景"背景层，请补充具体操作过程。

_____

_____

3. 制作元件

（1）把"水泡"图片制作为图形元件，名称为"单个水泡"，完成的效果及时间轴如图 2-11-2 所示，请补充具体操作过程。

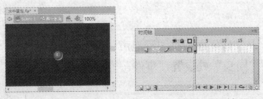

图 2-11-2　"单个水泡"图形元件及时间轴

（2）利用"单个水泡"图形元件制作水泡向上冒出的影片剪辑元件，名称为"水泡及引导线"，完成的效果及时间轴如图 2-11-3 所示，请补充具体操作过程。

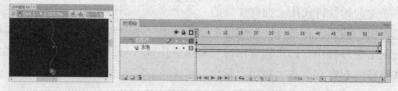

图 2-11-3　"水泡及引导线"影片剪辑元件及时间轴

（3）利用影片剪辑元件"水泡及引导线"制作成堆的水泡向上冒出的影片剪辑元件"成堆的水泡"，完成的效果及时间轴如图 2-11-4 所示。请补充具体操作过程。

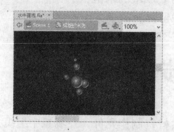

图 2-11-4　"成堆的水泡"影片剪辑元件及时间轴

4. 组织元件

所有元件制作完毕，返回"场景 1（Scene 1）"，新建"冒泡"图层，把影片剪辑元件"成堆的水泡"拖动到"冒泡"图层的第 1 帧，为使效果逼真，可添加 2 个实例，分别调整每个实例的大小和位置（隐藏了背景图片）。选中第 30 帧，按 F7 键插入空白关键帧，再添加 3 个"成堆的水泡"影片剪辑元件的实例，分别调整每个实例的大小和位置，如图 2-11-5 所示（隐藏了背景图片），选中第 130 帧，按 F5 键插入普通帧。

图 2-11-5　成堆水泡实例位置

5. 添加声音

新建图层"冒泡声"，从"库"面板把"冒泡声"音频拖动到第 1 帧。在"属性"面板"同步"处设置"事件"，重复 999 次，如图 2-11-6 所示。

6. 发布动画

保存文件为"水中冒泡.fla"，选择"文件"→"发布"来发布动画。

图 2-11-6　冒泡声属性设置

测试 **12**
HTML 的应用

一、测试目的

（1）了解 HTML 文件的组成。
（2）了解 HTML 常用标记的含义，理解并正确设定各种标记的常用属性。
（3）能够利用 HTML 编写简单页面，实现部分特效。
（4）能够使用 CSS 格式化简单的页面。

二、测试任务与要求

1. 网页文本格式与图片

使用基本的 HTML 的标记，实现如图 2-12-1 所示的网页，并实现下列效果：
（1）网页选项卡（网页标题）显示为"网页文本测试"。
（2）渔翁标题使用标题一号，中间空 2 个空格。
（3）作者使用 CSS 设置成绿色，隶书，粗体。

2. 表格、超链接与表单

使用基本的 HTML 的标记，实现如图 2-12-2 所示的网页，并实现下列效果。

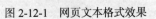

图 2-12-1　网页文本格式效果　　　　图 2-12-2　表格、表单、超链接

（1）表格显示边框线。

（2）第一行合并两列，文字内容居中。

（3）包含一个表单，并且表单内部有如图 2-12-2 所示的输入控件。

（4）"性别"这一行中的单选按钮，默认选择男，"建议"这一行的输入为多行文本。

（5）"填表说明"为超链接，单击能弹出一个新的窗口打开一个新的页面。

三、测试关键知识点

1. 网页文本格式与图片

（1）文档的标题：用<TITLE>标记。

（2）分割线：使用<HR>标记。这个是单标记，没有结束符。属性"size"表示分割线粗细，只能用像素大小表示，默认为 3 个像素；属性"width"表示水平线的宽度，可以用像素值大小表示，也可以用百分比表示。

（3）格式化字体标记可以使用 CSS 中的"font-family""font-weight""font-size"等属性，或使用缩写"font"属性。局部格式化字体，可以采用行内样式表。

（4）插入图片：使用标记<IMG>。这个是单标记。属性"SRC"表示图片的存放路径。注意图片的路径，可使用相对路径，具体查看配套教材《大学计算机基础（第 2 版）》的第 9 章第 4 节文件的位置与路径部分。

（5）其他的标记说明见本教材实验 17 部分。

2. 表格、超链接和表单

（1）表格：表格的主要标记和属性见本教材实验 17。单元格标记<TD>中有两个属性值"colspan"和"rowspan"分别代表跨列合并和跨行合并。

（2）超链接：属性"name"为定义一个书签。属性"HREF"定义链接跳转的 URL 地址，如果 URL 地址为电子邮件格式，则是启动本地电子邮件客户端给指定的邮件地址发送电子邮件。如果 URL 地址为"#书签名"时则表示跳转到书签的位置。

（3）表单：<TEXTAREA>标记为表单中多行输入域。属性"cols"表示多行输入域的列数，属性"rows"表示多行输入域的行数。

四、测试步骤小结

1. 网页文本格式

根据如图 2-12-3 所示的代码，回答下面问题：

（1）在（1）处，为了产生网页标题，填写的标记是_____。

（2）在（2）处，对文字使用标题 1 格式，填写的标记是_____；为了能在"渔翁"两个字中添加两个空格，需要加入_____。

（3）在（3）处，为了体现粗体，隶书，颜色以及字号，应在标记<P>中添加该标记的_____属性，并填写属性值为_____。

（4）在（4）处，"img"标记的含义是_____，里面的"alt"属性代表_____；"width"和"height"代表_____。

（5）代码中的标记 P 和 BR 代表的含义为_____和_____，在 BR 后面有一个"/"符号的作用是_____。

```
<html>
  <head>
  网页文本测试 （1）
  </head>
  <body>
渔翁      （2）
  <p        (3)    > 作者：柳宗元 </p>
  <p> 渔翁夜傍西岩宿，晓汲清湘燃楚竹。</p>
  <p> 烟销日出不见人，欸乃一声山水绿。</p>
  <p> 回看天际下中流，岩上无心云相逐。</p>
  <p><img src="tu.jpg" alt="意境图" width="251" height="358" /> （4） </p>
  <p>【韵译】</p>
<p>傍晚，渔翁把船停泊在西山下息宿；拂晓，他汲起湘江清水又燃起楚竹。<br />
烟销云散旭日初升，不见他的人影；听得乃一声橹响，忽见山青水绿。<br />
回身一看，他已驾舟行至天际中流；山岩顶上，只有无心白云相互追逐。</p>
  </body>
</html>
```

图 2-12-3　网页文本格式代码

2.　表格、超链接与表单

根据如图 2-12-4 所示的代码，回答下面问题：

（1）为创建表单，（1）处的标记为_____。

（2）为创建表格，（2）处的标记为_____，为了使得表格有边框线，（3）处的属性为_____。

（3）为能够合并 2 列单元格，（4）处的属性为_____，要使得单元格的内容居中，（5）处应为_____。

（4）为创建单行输入框，（6）处应为_____。

（5）为创建单选按钮，（7）处应为_____，为使得默认单选按钮被选中，（8）处应为_____。

（6）为创建下拉框，（9）处应为_____。

（7）为创建多选按钮，（10）处应为_____。

（8）为创建 8 行、40 列的多行输入文本框，（11）处应为_____。

（9）为创建一个提交按钮，（12）处应为_____。

（10）为创建一个超链接，并且该超链接能够打开一个新的网页窗口，（13）处应为_____。

```
<html>
   <head> </head>
   <body>
     <  (1)   name="form1" method="post" action="">
     <     (2)    width="500"    (3)   > <tr>
     <td height="40"   (4)       (5)   ><h2>调查表</h2></td>
   </tr><tr>
     <td width="120">姓名</td>
     <td width="360">    (6)   </td></tr>
     <tr>
        <td>性别</td>
        <td><input name="xb"   (7)   value="M"    (8)    />
          男 <input type="radio" name="xb" value="F" />女</td>
        <tr><td>单位性质</td>
          <td>    (9)
          <option value="1">国有企业</option>
          <option value="2">私人公司</option>
          <option value="3">外资企业</option>
          <option value="4">事业单位</option></select></td></tr>
     <tr><td>感兴趣的产品</td>
     <td><input    (10)    name="checkbox" /> 电子产品
       <input type="checkbox" name="checkbox2"  /> 书籍
       <input type="checkbox" name="checkbox3"  /> 汽车
       <input type="checkbox" name="checkbox4"  /> 日用品
       </td></tr>
     <tr><td>建议</td>
       <td>          (11)          </td>
     </tr>
     <tr> <td height="30" colspan="2" align="center">
             (12)
  </td></tr>
     </table>
      <p>   (13)   填表说明   (13)   </p>
      </form>
      </body>
   </html>
```

图 2-12-4 表格、表单、超链接代码

测试 13
Dreamweaver 综合应用

一、测试目的

（1）熟悉 Dreamweaver 编辑环境，掌握本地站点的创建方法。

（2）掌握在页面中插入多媒体对象的方法，能熟练对文本格式化并设置图片的各项属性。

（3）掌握网页各种类型超链接的创建方法。

（4）熟悉网页各种定位和布局技术，熟练掌握表格、布局表格、层和框架的使用方法。

（5）能够创建和应用简单的 CSS 样式对页面进行格式化。

二、测试任务与要求

1. 站点和页面文件的建立

（1）建立网站站点。在本地硬盘创建一个文件夹，使用 Dreamweaver 的定义站点功能，将这个文件夹作为网站根文件夹。在站点的根文件夹下面建立一个子文件夹名称为"images"，该文件夹用于存放网站所需要的图片。建立一个名为"css"的文件夹用于存放样式表文件。建立"musics"文件夹用于存放音乐文件。

（2）通过模板建立网页。通过模板建立首页，将首页中的图片保存在"images"文件夹中，将使用的样式表，保存在"CSS"文件夹中。

2. 页面文件的编辑

创建和编辑一个网页，网页包含以下主要内容。

（1）文本录入和格式化。

（2）插入表格。

（3）插入图像、多媒体。

（4）超链接的创建。

页面效果如图 2-13-1 所示。

图 2-13-1　页面文件编辑

3. 页面布局

使用层创建布局，如图 2-13-2 所示的页面，要求如下。

（1）上部放置一图层，图层中放置图片。

（2）左边放置一图层，图层中放置图片。

（3）中部放置一图层，图层中输入介绍文字。

（4）右边放置一图层，图层中放置图片。

（5）加入背景音乐，使用 MID 音乐格式。

图 2-13-2　使用层进行页面布局

4. 样式表的应用

创建一个样式表文件，将该文件链接到网页，并将样式表文件中定义的样式应用到具体的文字中，应用效果如图 2-13-3 所示。

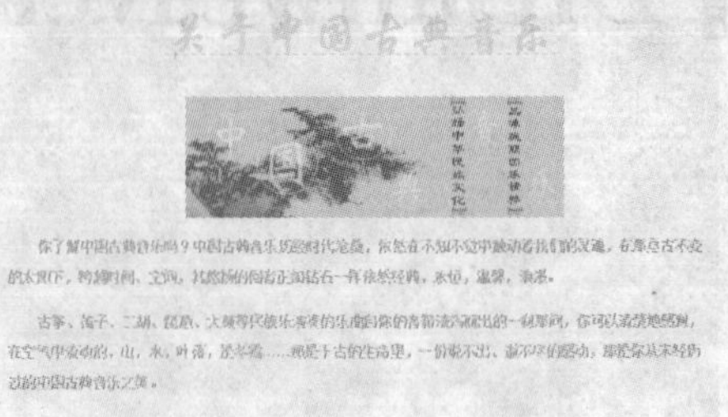

图 2-13-3　CSS 应用

三、测试关键知识点

1. 使用 Dreamweaver 格式化文字

（1）插入特殊字符："插入"→"HTML"→"特殊字符"→"换行符（不换行空格、左引号、右引号）"。

（2）格式化文字。

① 设置字体："格式"→"字体"。

② 设置格式："格式"→"样式"→"粗体（斜体、下划线）"。

（3）段落格式：设置段落标题："格式"→"段落格式"→"标题 1"。

（4）设置对齐方式："格式"→"对齐"→"居中"。

2. Dreamweaver 插入图片、flash 等多媒体

（1）插入图片的两种方式：

① "插入"→"图像"，出来的对话框中，找到需要插入的图片。

② 直接在文件面板中，将图像拖入到插入图像的位置。

（2）插入 Flash："插入"→"媒体"→"swf（或者 flv）"。

（3）设置背景图片如下。

① 文档空白处单击鼠标右键，页面属性；或者在属性面板中，单击"页面属性"按钮。

② 页面属性对话框中，分类中选择"外观（HTML）"，在外观 HTML 中选择背景图像。右边单击"浏览"按钮，找到一张作图片作为背景图片。

（4）设置背景音乐：插入背景音乐要使用代码视图，步骤如下。

① 单击视图中的"代码"按钮进入到代码视图。

② 找到<body>标记下，在下面添加标记<bgsound src="要想插入的音乐路径" />。

更复杂的属性设置见本教材《大学计算机基础（第2版）》第9章。

3. Dreamweaver 建立和使用外部的样式表

（1）建立外部样式表文件的步骤：

① 在属性栏中单击"CSS"按钮 css 。

② 从目标规则中选中"新 CSS 规则"，单击"编辑规则"按钮。

③ "选择器类型"和"选择器名称"可根据实际情况选择和填写。

④ "新建 CSS 规则"对话框中的"规则定义"选中"新建样式表文件"。

⑤ 将新建的 CSS 文件起一个名字，放到已经建立好的 CSS 文件夹中。

（2）修改外部 CSS 文件：

① 在属性栏中单击"CSS"按钮。

② 从目标规则中选中需要编辑的规则，单击"编辑规则"按钮；或者单击"CSS 面板"，在"CSS 面板中"进行修改。

四、测试步骤小结

1. 站点和页面文件的建立

（1）建立站点：写出建立站点的主要操作步骤：

（2）建立文件夹：在_____面板中，_____地方，单击鼠标右键，在弹出来的菜单中选择"新建文件夹"。

（3）根据模板建立文件：单击"文件"→"新建"→"_____"→"_____"。

2. 页面文件的编辑

（1）背景设置：在"属性面板"中，单击_____按钮。在弹出的"页面属性"对话框中的分类选项中选择_____，然后在背景图像中，单击"浏览"，找到背景图片。

（2）字体：本次设置字体采用<FONT>标记，并使用代码编辑视图。

① 进入代码视图：单击_____按钮进入代码编辑视图。

② 在"中国古典音乐"前加入<FONT>标记，在之后加入_____。

③ 本次需要设置字体为"华文行楷"，颜色为"#F9CD7D"，大小为 7，则分别为<FONT>标记添加的属性为_____ 、_____、_____。

（3）加入空格：将光标置于"高山流水..."这段文字前，单击"_____"→"_____"→"_____"→"不换行空格"。

（4）文字格式化。

① 加下划线：选中"中国古典音乐"，单击"_____"→"样式"→"_____"。

② 设置斜体：选中"高山流水..."这段文字，单击"_____"→"_____"→"_____"。

（5）表格与设置。

① 插入表格：单击"_____"→"_____"。在弹出的表格对话框中，行数输入 3，列数输入 5，宽度输入 600，单击"确定"。

② 设置行高、列宽：单击进入需要设置行高和列宽的单元格，在属性面板中的宽和高处填写需要设置的行高和列宽。

③ 单元格合并：选中第 行中的五个单元格，单击属性面板中的_____按钮合并。

（6）设置超链接：选中表格中的"高山流水"，在_____面板中的_____输入链接地址"gsls.html"。

3. 页面布局

（1）使用层布局

① 单击_____选项卡，切换到布局工具栏。

② 选中工具栏上的_____按钮，画出本书测试 10.3 所示的 4 个区域，并移动和调整大小。

（2）插入图片：将光标设置到需要插入图片的地方，单击"_____"→"图像"。

背景音乐：

单击"代码"按钮，进入代码编辑视图。

在<BODY>标记后，加入_____代码。

4. 样式表的应用

（1）创建外部样式表文件。

① 单击属性面板中的 CSS 按钮，在目标规则中选中"_____"，单击"编辑规则"。

② 要创建一个适用于任何 HTML 元素的类型，在选择器类型中选中"_____"，选择器名称中输入自定义的名称，例如输入"miaoshu"，在规则定义处，选中"_____"。

③ 弹出保存新建立样式表的对话框，将路径定位到本站点的"css"文件夹下，将样式文件保存为"site.css"。

④ 在 CSS 规则定义对话框中，类型分类：定义字体大小（font-size）为"14px"，加粗(font-weight)选择"bold"，行间距（line-height）填写"30px"，颜色（color)选择或填写"#F60"；需要段落前空 2 格，在区块分类的"Text-indent"中填写"30px"。

（2）添加新规则到样式表。

① 在目标规则中选中"新 CSS 规则"，单击"编辑规则"。

② 在选择器中选择"标签（重新定义 HTML 元素）"，选择器名称中输入"h1"，规则定义中选择前面已经创建好的样式文件_____。

③ 在 CSS 规则定义对话框中，类型分类：定义字体（font-family）输入"华文行楷"，字体大小_____选择"larger"，颜色_____，填写或选择"定义字体"，将下划线(underline)勾选。区块分类中，文字对齐方式（Text-align）选择居中。

（3）使用 CSS 格式化文字。

① 选中"关于中国古典音乐"，在属性面板的"格式"中选中"标题 1"；

② 选中"你了解中国古...."这段文字，在"目标规则"中选择定义好的样式"miaoshu"；

③ 对"古筝、笛子、..."这段文字使用相同的操作，应用"miaoshu"样式。

第三部分
综合设计

　　综合设计是对课程知识的综合运用。通过综合设计实验，可以使学生牢固掌握所学的知识和技能，培养其运用所学的知识分析、解决实际问题的能力，激发学生自主学习的热情和意识，发掘其探索、合作精神以及创造潜能，营造以教师为引导、学生为主体的学习氛围，从而全面提高教学质量和教学效果。

一、综合设计的目的与要求

1. 设计目的

培养学生运用课程相关知识分析和解决实际问题的能力，能灵活运用所学的知识进行实验总体设计、实验思路规划与安排，并选用合适的工具软件完成整个作品的设计。通过综合设计训练过程，激发学生自主学习的意识和热情，发掘其探索和创造潜能，从而养成良好的计算思维习惯，全面提高学生的信息素养和计算机应用能力。

2. 选题要求

综合设计题目必须有一定的工作量，难度适中，具备一定的综合性，兼顾趣味性和扩展性。要以能激发学生的学习热情和学习兴趣为出发点，充分发挥学生的聪明才智和求知精神，使学生通过综合设计不仅能巩固所学知识，而且能学会运用相关技能去分析与解决实际问题的思维和方法。

选题的范围普通班可以是 Word 综合应用、PowerPoint 演示文稿设计、网页与网站设计、多媒体设计与制作、数据库管理系统设计等；提高班则限制在网页与网站设计、多媒体设计与制作、数据库管理系统设计3个方面进行选择。所选题目应包含相应教学专题的主要教学内容，也可适当超出教材所讲授的范围，以激发学生的探知热情，培养其自学能力和习惯。

设计题目可由教师指定，也可由学生自己选择，鼓励学生根据兴趣爱好自由选择和实际生活密切相关的题目。一般而言，各个综合设计小组的题目尽量不要相同。

所选题目须经任课教师同意后方可开始组织实施。

3. 设计要求

教师指定的综合设计题目应尽量给出明确的设计要求，但不要过于限制学生创造思维的发挥。对于学生自选题目，无论选择何种专题，综合设计作品均应有明确的主题，且具有一定的工作量。

一般来说，对于 Word 综合应用类作品，应涉及图文混排、表格、样式、分节、文本框、交叉引用等主要知识点，能较好地体现 Word 文档处理的综合性、灵活性、统一性和美观性；对于 PowerPoint 演示文稿设计，应涉及母版设计、版式、动画、链接、配色等，具有较好的统一性、逻辑性和美观性，有一定的艺术性和技术含量，一般不少于10页幻灯片；对于网页和网站设计，应涉及基本的网页和网站制作技术，页面统一、协调、美观，内容丰富而不乏系统性，导航设置清晰、方便，一般不少于10个页面；对于多媒体设计与制作，作品要求有一定的原创性，配色和字体协调、美观，图形和图像使用合理，动画连贯，具有一定的艺术性和视觉冲击力；对于数据库管理系统设计，应涉及表、查询、窗体、报表、切换面板等主要知识点，方便易用，最好能围绕实际管理系统展开设计。

4. 分组要求

原则上每个综合设计小组由 2~3 名学生组成，教师可根据任课班级学生的情况进行指定，也可由学生自由组合。每组推选出一名同学担任组长，负责项目分工、协调整个设计作品的开发、与教师和组员进行联系、提交设计报告和最终作品等工作。在整个设计过程中，教师应注意培养学生的团队协作精神，营造互助互学的学习氛围。

对于普通班选择 Word 综合应用和 PowerPoint 演示文稿设计的学生来说，一般不进行分组，由单个学生独立完成整个作品的制作和报告撰写等工作。

5. 考核要求

综合设计的考核主要围绕设计要求进行，同时注意考查以下几点：

① 每个小组必须按时、按要求完成设计任务，并撰写设计报告。

② 每个组员必须承担一定的设计任务，并独立完成所承担部分设计文档的编写，包括主要制作过程说明、主要结果截图等，并给出相应的设计小结与体会，不可由他人代替。

③ 组长负责最终作品的汇总与调试工作，保证设计作品能正常运行。

④ 组长汇总各位组员的设计文档，编写出总的设计报告。

⑤ 组长负责将最终作品和设计报告以电子文件形式提交给指导教师。

⑥ 组长和每个组员，在进行综合设计期间或提交设计报告后，都有义务回答指导教师对设计和设计过程提出的问题，且回答的情况可作为考核评分的依据。

6. 评分办法

综合设计的评分分为小组自评和教师考评两个阶段。

小组自评以各设计小组为单位，由组长组织各组员一起完成成绩自评工作，并以百分制的形式给各成员评定相应的成绩。成绩评定时，主要从承担任务的工作量、难度、完成情况、实践能力、创新能力、学习态度、协作精神等方面进行，尽量做到客观、公正、合理。

教师考评以小组自评结果为参考，可采取教师自行评阅和学生现场答辩两种方式。考评时，主要考查设计题目的意义和难度、工作量及完成情况、作品的实用性和创新性、设计报告的规范性和完整性、回答问题情况、小组自评的真实性等，然后给小组的各个成员评定相应的成绩，并对项目作出总体评价。

7. 成绩记载

指导教师根据考评情况，将学生的综合设计成绩按比例折算计入"大学计算机基础上机实践"课程，并报送相关的管理部门。

8. 资料提交说明

各综合设计小组将各种原始素材、最终的设计作品和设计报告存入名为"组长学号+组长姓名"的文件夹（如：201110201154 张晓东），然后将该文件夹压缩得到资料汇总文件（如：201110201154 张晓东.rar），最后按教师要求提交给指导教师或通过网络上传到指定位置。

二、综合设计报告格式

昆明理工大学《大学计算机基础》综合设计报告

题　　目：＿＿＿＿＿＿＿＿＿＿＿＿＿＿＿＿＿＿＿＿＿

学院名称：＿＿＿＿＿＿＿＿＿＿＿　专业年级：＿＿＿＿＿＿＿＿＿＿＿

组长姓名：＿＿＿＿＿＿＿＿＿＿＿　指导教师：＿＿＿＿＿＿＿＿＿＿＿

学号	姓名	承担的工作和任务	自评成绩	教师成绩
教师评语				

一. 设计简要说明

填写说明：简要叙述本设计的目的，作品构思，设计主题，使用的工具等

（本部分由组长负责填写）

二. 功能概述

填写说明：简要说明综合设计作品所能实现的功能，模块划分情况等

（本部分由组长负责填写，各类作品注意事项如下：

Word、PowerPoint 作品：给出主要页面信息流转的简略示意图

多媒体作品：给出所表达思想的创意说明或动画流程图

网页与网站设计作品：给出网站导航结构图

数据库作品：给出系统功能模块图）

三. 设计过程与结果

配合部分设计结果的截图，说明主要设计过程

（本部分由各组员自行完成，组长负责汇总）

四. 设计总结与体会

简要对设计过程和设计结果进行总结与评价，并叙述设计体会

（本部分由各组员自行完成，组长负责汇总）

组长签名：　　　　　年　月　日

三、综合设计范例——教学管理系统

0昆明理工大学《大学计算机基础》综合设计报告

题　　目：　　　　　　大专院校教学管理系统　　　　　　　

学院名称：　信息工程与自动化学院　　　专业年级：　自动化2011　　　
组长姓名：　张晓东　　　　　　　　　　指导教师：　王明义　　　　　

学号	姓名	承担的工作和任务	自评成绩	教师成绩
201110201154	张晓东	教师信息管理模块，总设计报告	92	94
201110201108	李　旭	学生信息管理模块	88	90
201110201125	赵琳莉	选课信息模块	88	90
教师评语	该组同学在整个综合设计中，学习态度端正，善于协作，有较强的自学和互助精神。组长责任心强，组员积极努力，顺利完成了所承担的设计任务。			

一．设计简要说明

填写说明：简要叙述本设计的目的，作品构思，设计主题，使用的工具等

教学管理是普通高等院校的一项日常管理工作，对维护学校的正常教学秩序尤为重要，甚至和教学质量的高低息息相关。传统的教学管理方式多为人工方式或Excel文件形式，数据零散，效率极低，功能简单，难以适应现代学分制教育的要求。为了解决这些问题，本综合设计以Access软件为工具，利用数据库方法对普通高校的教学管理工作进行建模，将一般大专院校的教学管理工作分为教师信息管理、学生信息管理和选课信息管理3个模块，实现对高校教学工作的自动化管理。

二．功能概述

填写说明：简要说明综合设计作品所能实现的功能，模块划分情况等。

本综合设计实现的教学管理系统主要是针对普通大专院校教学工作的信息化管理，能实现对教师的基本信息和教师的授课信息的登录、统计和查询等功能，实现对学生的基本档案信息、学习成绩信息进行保存、统计和查询等功能，并实现对课程信息和学生选课信息的统一管理等。

整个系统的可分为教师信息管理、学生信息管理、选课信息管理3个功能模块，各模块的主要功能简要介绍如下。

（1）教师信息管理模块。包含5个子模块：教师档案登录、授课信息登录、教师相关信息查询、教师相关信息统计和教师相关信息浏览。用于实现教师档案信息和教师授课信息的登录，如果有调入学校的新职工，则为其建立档案并将其基本信息输入到计算机中。提供对教师档案信息和教师授课信息的统计、查询及浏览功能。

（2）学生信息管理模块。包含5个子模块：学生档案登录、学生成绩登录、学生相关信息查询、学生相关信息统计和学生相关信息浏览。用于实现学生档案信息和学生成绩的维护和登录，

可输入新学生的基本信息，输入学生每一学期所选课程的成绩，提供对学生档案、成绩等信息的统计、查询和浏览功能。

（3）选课信息管理模块。包含3个子模块：课程信息登录、选课信息登录、相关信息查询。用于实现课程信息和学生选课信息的管理，包括学生选课信息登录、课程信息的登录以及有关课程等情况的查询。

本教学管理系统的功能模块结构如图3-3-1所示。

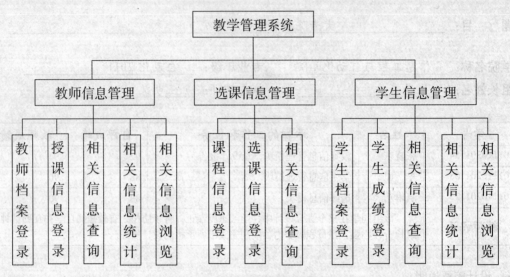

图 3-3-1　系统功能模块结构图

三. 设计过程与结果

配合部分设计结果的截图，说明主要设计过程。

1. 数据库设计

（1）根据系统设计的功能要求，教学管理系统应包括教师档案、教师授课情况、学生档案、学生成绩、课程名和学生选课信息共6张表。

① 教师档案表以"教师编号"为主关键字，登记教师档案的具体信息，其结构如表3-3-1所示。

表 3-3-1　　　　　　　　　　　　　　　　教师档案表结构

字段名称	数据类型	字段大小	必填字段	是否主键
教师编号	文本	4	是	是
姓名	文本	10	是	否
性别	文本	2	否	否
工作时间	日期/时间	短日期	否	否
政治面貌	文本	10	否	否
学历	文本	6	否	否
职称	文本	6	否	否
系别	文本	10	否	否
联系电话	文本	20	否	否

② 教师授课表以"授课ID"为主关键字，登记教师的授课信息，其结构如表3-3-2所示。

表 3-3-2　　　　　　　　　　　　　　　教师授课表结构

字段名称	数据类型	字段大小	必填字段	是否主键
授课 ID	自动编号	长整型	是	是
课程编号	文本	3	是	否
教师编号	文本	4	是	否
班级编号	文本	6	是	否
学年	文本	9	否	否
学期	数字	长整型	否	否
学时	数字	长整型	否	否
授课地点	文本	10	否	否
授课时间	文本	10	否	否

③ 学生档案表以"学号"为主关键字，登记学生的档案信息，其结构如表 3-3-3 所示。

表 3-3-3　　　　　　　　　　　　　　　学生档案表结构

字段名称	数据类型	字段大小	必填字段	是否主键
学号	文本	8	是	是
姓名	文本	10	是	否
性别	文本	2	否	否
出生日期	日期/时间	短日期	否	否
政治面貌	文本	10	否	否
班级编号	文本	8	否	否
毕业学校	文本	20	否	否

④ 学生成绩表以"成绩 ID"为主关键字，登记学生的成绩信息，其结构如表 3-3-4 所示。

表 3-3-4　　　　　　　　　　　　　　　学生成绩表结构

字段名称	数据类型	字段大小	必填字段	是否主键
成绩 ID	自动编号	长整型	是	是
学号	文本	8	是	否
学年	文本	9	否	否
学期	数字	长整型	否	否
课程编号	文本	3	是	否
成绩	数字	单精度型	否	否

⑤ 课程名表以"课程编号"为主关键字，登记每门课程的相关信息，其结构如表 3-3-5 所示。

表 3-3-5　　　　　　　　　　　　　　　课程名表结构

字段名称	数据类型	字段大小	必填字段	是否主键
课程编号	文本	3	是	是
课程名	文本	20	是	否
课程类别	文本	6	是	否
学分	数字	长整型	是	否

⑥ 学生选课信息表以“选课 ID”为主关键字，登记学生选课信息，其结构如表 3-3-6 所示。

表 3-3-6　　　　　　　　　　　　学生选课信息表结构

字段名称	数据类型	字段大小	必填字段	是否主键
选课 ID	自动编号	长整型	是	是
课程编号	文本	3	是	否
学号	文本	8	是	否

（2）设计好表结构之后，就可以开始录入各表格的数据，以便在后续设计中使用。对应表 3-3-1 至表 3-3-6，各表格的数据记录如图 3-3-2 至图 3-3-7 所示。

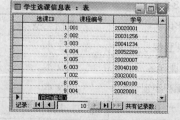

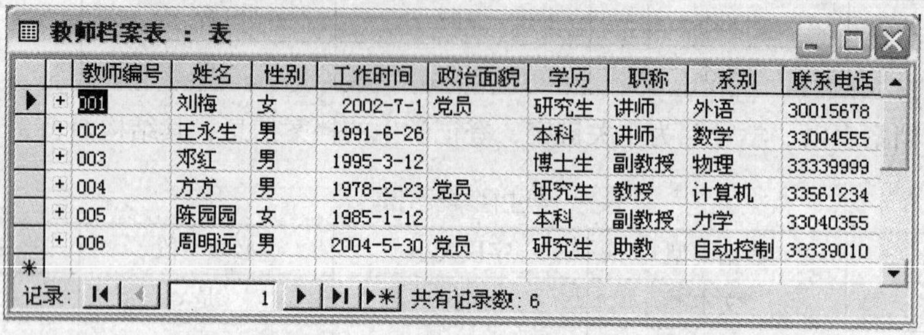
教师档案表 ： 表

教师编号	姓名	性别	工作时间	政治面貌	学历	职称	系别	联系电话
001	刘梅	女	2002-7-1	党员	研究生	讲师	外语	30015678
002	王永生	男	1991-6-26		本科	讲师	数学	33004555
003	邓红	男	1995-3-12		博士生	副教授	物理	33339999
004	方方	男	1978-2-23	党员	研究生	教授	计算机	33561234
005	陈园园	女	1985-1-12		本科	副教授	力学	33040355
006	周明远	男	2004-5-30	党员	研究生	助教	自动控制	33339010

记录：1 共有记录数：6

图 3-3-2　教师档案表中的数据记录

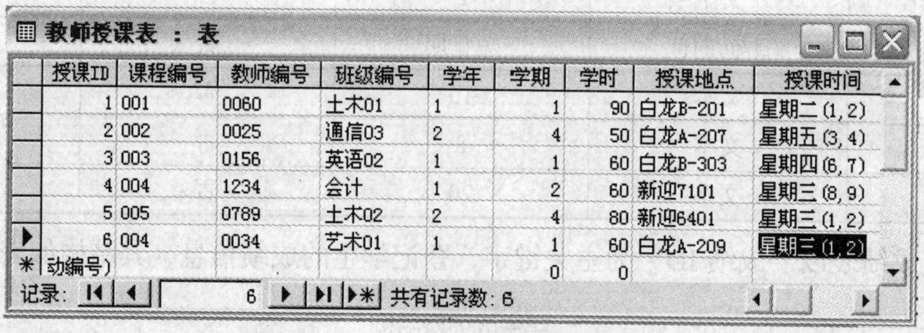
教师授课表 ： 表

授课ID	课程编号	教师编号	班级编号	学年	学期	学时	授课地点	授课时间
1	001	0060	土木01	1	1	90	白龙B-201	星期二(1,2)
2	002	0025	通信03	2	4	50	白龙A-207	星期五(3,4)
3	003	0156	英语02	1	1	60	白龙B-303	星期四(6,7)
4	004	1234	会计	1	2	60	新迎7101	星期三(8,9)
5	005	0789	土木02	2	4	80	新迎6401	星期三(1,2)
6	004	0034	艺术01	1	1	60	白龙A-209	星期三(1,2)
动编号)					0	0		

记录：6 共有记录数：6

图 3-3-3　教师授课表中的数据记录

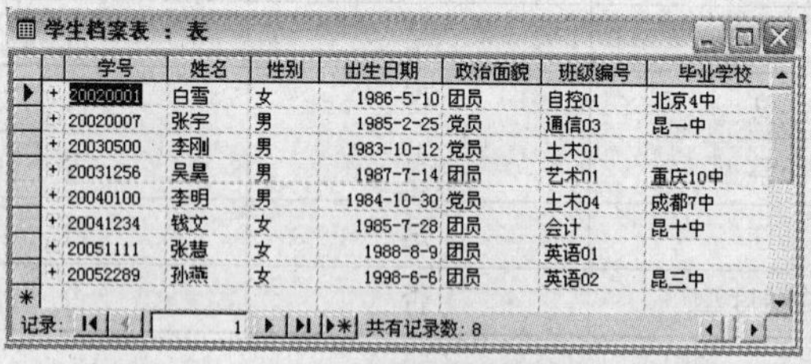
学生档案表 ： 表

学号	姓名	性别	出生日期	政治面貌	班级编号	毕业学校
20020001	白雪	女	1986-5-10	团员	自控01	北京4中
20020007	张宇	男	1985-2-25	党员	通信03	昆一中
20030500	李刚	男	1983-10-12	党员	土木01	
20031256	吴昊	男	1987-7-14	团员	艺术01	重庆10中
20040100	李明	男	1984-10-30	党员	土木04	成都7中
20041234	钱文	女	1985-7-28	团员	会计	昆十中
20051111	张慧	女	1988-8-9	团员	英语01	
20052289	孙燕	女	1998-6-6	团员	英语02	昆三中

记录：1 共有记录数：8

图 3-3-4　学生档案表中的数据记录

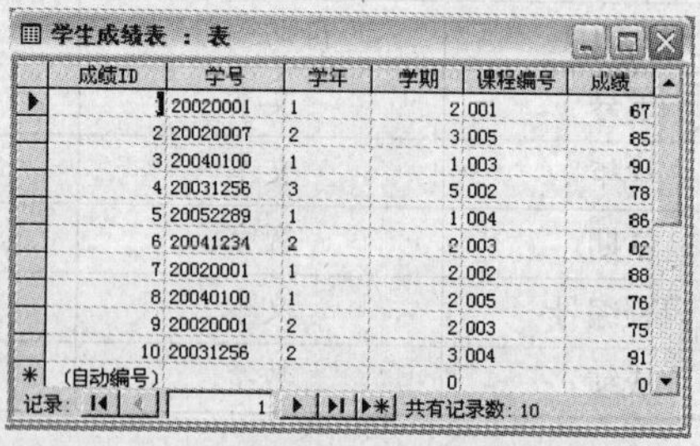
学生成绩表 ： 表

成绩ID	学号	学年	学期	课程编号	成绩
1	20020001	1	2	001	67
2	20020007	2	3	005	85
3	20040100	1	1	003	90
4	20031256	3	5	002	78
5	20052289	1	1	004	86
6	20041234	2	2	003	02
7	20020001	1	2	002	88
8	20040100	1	2	005	76
9	20020001	2	2	003	75
10	20031256	2	3	004	91
(自动编号)			0		0

记录：1 共有记录数：10

图 3-3-5　学生成绩表中的数据记录

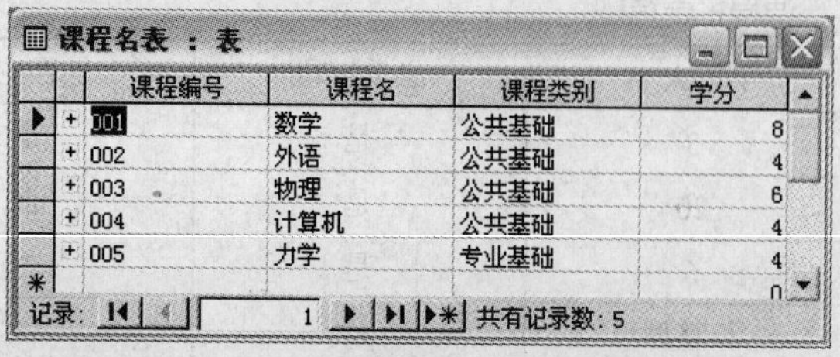
课程名表 ： 表

课程编号	课程名	课程类别	学分
001	数学	公共基础	8
002	外语	公共基础	4
003	物理	公共基础	6
004	计算机	公共基础	4
005	力学	专业基础	4

记录：1 共有记录数：5

图 3-3-6　课程名表中的数据记录

学生选课信息表 ： 表

选课ID	课程编号	学号
1	001	20020001
2	002	20031256
3	003	20041234
4	004	20052289
5	005	20020007
6	003	20040100
7	002	20020001
8	005	20040100
9	004	20020001
(自动编号)		

记录：10 共有记录数：

图 3-3-7　学生选课信息表中的数据记录

（3）数据表设计好之后，便可设计系统的表间关系，如图 3-3-8 所示。

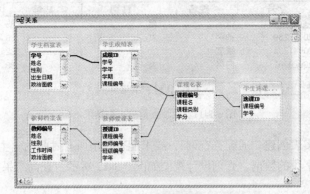

图 3-3-8　表间关系

2. 查询设计

（1）利用教师档案表创建"职称查询"，要求能显示教师编号、姓名、性别、职称 4 个字段的数据。查询结果如图 3-3-9 所示。

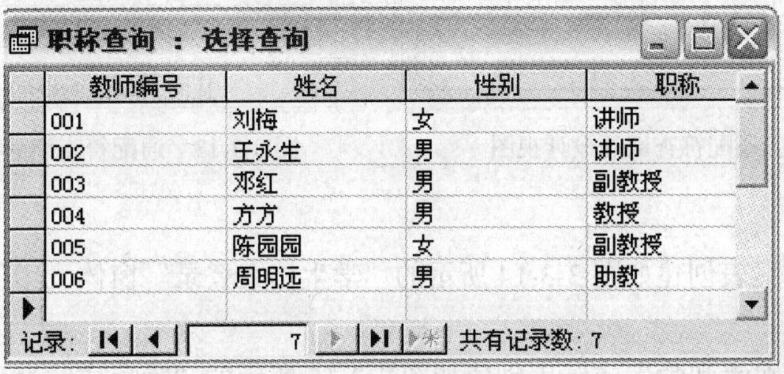

教师编号	姓名	性别	职称
001	刘梅	女	讲师
002	王永生	男	讲师
003	邓红	男	副教授
004	方方	男	教授
005	陈园园	女	副教授
006	周明远	男	助教

记录：|◀ ◀ 　7 　▶ ▶| ▶* 　共有记录数：7

图 3-3-9　职称查询的查询结果

（2）利用学生档案表和学生成绩表创建"成绩查询"，要求能查找出成绩大于 80 且小于 90 的学生记录，只显示学号、姓名、性别、成绩 4 个字段的数据。设计视图如图 3-3-10 所示，查询结果如图 3-3-11 所示。

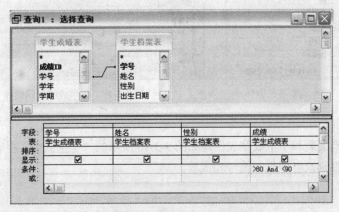

图 3-3-10　成绩查询的设计视图

图 3-3-11　成绩查询的查询结果

（3）利用学生档案表创建"通配符查询"，要求能查找出所有姓张的学生记录，只显示学号、姓名、出生日期 3 个字段的数据。查询设计视图如图 3-3-12 所示，查询结果如图 3-3-13 所示。

图 3-3-12　通配符查询的设计视图　　　　图 3-3-13　通配符查询的查询结果

3. 窗体设计

（1）利用学生档案表创建如图 3-3-14 所示的"学生档案登录"窗体，用于输入、显示学生档案表的记录。

（2）利用学生档案表和学生成绩表创建如图 3-3-15 所示的"学生成绩显示"窗体，用于显示各个学生的学号、姓名、性别及各课程的成绩。

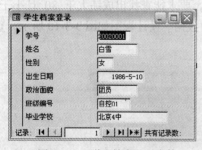

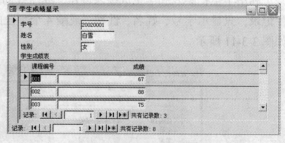

图 3-3-14　学生档案登录窗体　　　　　图 3-3-15　学生成绩显示窗体

4. 报表设计

（1）利用学生档案表和学生成绩表创建如图 3-3-16 所示的"学生成绩"报表，用于输出各学生的学号、姓名、性别及各课程的编号和成绩。

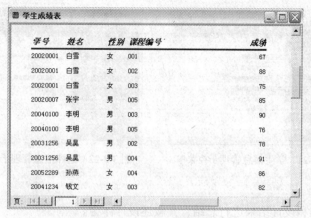

图 3-3-16 学生成绩报表

（2）利用学生成绩查询，在如图 3-3-17 所示的报表设计视图中创建"学生成绩排序"报表，结果如图 3-3-18 所示。

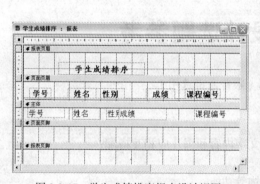

图 3-3-17 学生成绩排序报表设计视图

图 3-3-18 学生成绩排序报表最终结果

5．系统集成

完成以上系统功能设计后，可使用"切换面板管理器"来集成应用系统。图 3-3-19 显示的是"教学管理系统"的主控制菜单，图 3-3-20、图 3-3-21 和图 3-3-22 分别显示的是"教师信息管理""学生信息管理"和"选课信息管理"模块的子控制菜单。

图 3-3-19 教学管理系统主控菜单

图 3-3-20 教师信息管理子控菜单

图 3-3-21　学生信息管理子控菜单　　　　图 3-3-22　选课信息管理子控菜单

四. 设计总结与体会

简要对设计过程和设计结果进行总结，并叙述设计体会。

张晓东：

李　旭：

赵琳莉：

组长签名：张晓东　　　　　　　　　2011 年 10 月 20 日

四、 综合设计选题参考

（1）利用 Word 软件设计制作一份主题报刊（限普通班选用）。

设计要求：

① 报刊名自拟，但要能表达报刊的主题；

② 各版面图文并茂、协调统一，所选择的文字内容和图片应相互搭配；

③ 至少 4 个版面，每个版面采用 A3 大小；

④ 合理使用样式、文本框、图表、页面修饰等功能。

（2）自选主题，通过网络收集有关该主题的各种素材，然后利用 Word 软件设计制作一份主题报告（限普通班选用）。

设计要求：

① 报告名自拟，但要能表达报告的主要内容；

② 各页面图文并茂、协调美观，所选择的文字内容和图片应相互搭配；

③ 至少 10 个页面，每个页面采用 A4 大小；

④ 合理使用样式、参考文献、脚注、交叉引用、自动目录等功能。

（3）以某种时尚产品为主题，利用 PowerPoint 软件设计制作一组产品展示幻灯片（限普通班选用）。

设计要求：

① 演示文稿标题名自拟，但要能表达整个文档的主要内容；

② 各页面图文并茂、协调美观，所选择的文字内容和图片应相互搭配；

③ 至少包含 10 张幻灯片；

④ 合理使用母版、对象动画、幻灯片切换效果等功能。

（4）利用 PowerPoint 软件设计制作一组介绍自己、家乡、学校……的幻灯片（限普通班选用）。

设计要求：

① 演示文稿标题名自拟，但要能表达整个文档的主要内容；

② 各页面图文并茂、协调美观，所选择的文字内容和图片应相互搭配；

③ 至少包含 10 张幻灯片；

④ 合理使用母版、对象动画、幻灯片切换效果等功能。

（5）以某首喜爱的歌曲为主题，利用 Flash 软件设计制作相应的 MV 作品。

设计要求：

① 动画连贯，切换自然，画面有一定的美感和意境；

② 歌词和画面内容协调、统一；

③ 合理使用逐帧动画、过渡动画、运动动画和 Action 动画等功能。

（6）自选主题，利用 Flash 软件设计制作一个公益广告或小故事。

设计要求：

① 主题鲜明，有一定的启发性，易引起观众的共鸣和思考；

② 动画连贯，切换自然，画面有一定的美感和意境；

③ 合理使用逐帧动画、过渡动画、运动动画和 Action 动画等功能。

（7）设计制作一个介绍自己、家乡、学校、某旅游景点、某时尚产品、某著名企业……的专题网站。

设计要求：

① 网站题名自拟，但要能表达整个网站的主要内容；

② 各页面图文并茂、协调美观，所选择的文字内容和图片应相互搭配；

③ 至少包含 10 个网页，各网页间导航方便、快捷；

④ 合理使用 Flash 动画、动态页面效果等功能。

（8）自选主题，设计制作一个专题学习或交流网站。

设计要求：

① 网站题名自拟，但要能表达整个网站的主要内容；

② 各页面图文并茂、协调美观，所选择的文字内容和图片应相互搭配；

③ 至少包含 10 个网页，各网页间导航方便、快捷；

④ 合理使用 Flash 动画、动态页面效果、框架等功能。

（9）利用 Access 软件为某小型超市设计制作一个商品销售管理系统。

设计要求：

① 系统具有存货信息、销售信息、客户信息等的维护和查询功能；

② 具有具备一定实际意义的报表功能，且报表数量不少于 2 张；

③ 系统功能丰富，易于使用；

④ 合理使用查询设计、窗体设计、报表设计和切换面板等功能。

（10）自选主题，利用 Access 软件设计制作一个信息管理系统。

设计要求：

① 有一定世纪意义或行业应用的参考价值；

② 系统功能丰富，易于 使用；

③ 合理使用查询设计、窗体设计、报表设计和切换面板等功能；

参考文献

[1]   National Research Council Committee on Fundamentals of Computer Science. Computer Science: Reflections on the Field[M]. The National Academies Press，Washington D.C.，2004.

[2]   Wing J M. Computational Thinking[J]. Communications of ACM，Vol.49，No.3，March 2006， pp.33-35.

[3]   Rowe Stanford H. Marsha L.Schuh. Computer Networking：影印版[M]. 北京:清华大学出版社，2006.

[4]   Parsons，Oja.New Perspectives on Computer Concepts (Thirteenth Edition)[M]. 北京:机械工业出版，2011.

[5]   陈国良. 计算思维导论[M]. 北京:高等教育出版社，2012.

[6]   龚沛曾，杨志强. 大学计算机基础[M]. 5 版.北京: 高等教育出版社， 2009.

[7]   龚沛曾，杨志强. 大学计算机基础上机实验指导与测试（第 5 版）[M]. 北京: 高等教育出版社， 2009.

[8]   战德臣，孙大烈，等. 大学计算机[M]. 北京: 高等教育出版社， 2009.

[9]   孙大烈，聂兰顺， 战德臣，等. 大学计算机实验[M]. 北京: 高等教育出版社，2010.

[10]   林果园，陆亚萍. 计算机操作系统[M]. 北京: 清华大学出版社， 2011.

[11]   卞诚君. 完全掌握 Office 2010 高效办公超级手册（第 5 版）[M]. 北京: 机械工业出版社，2011.

[12]   郭晔，等. 数据库技术与 Access 应用[M]. 北京: 人民邮电出版社，2009.

[13]   赵子江. 多媒体技术基础[M]. 北京: 机械工业出版社， 2009.

[14]   龙马工作室. 新编 Photoshop CS3 中文版从入门到精通[M]. 北京: 人民邮电出版社，2008.

[15]   教育部高等学校大学计算机课程教学指导委员会.计算思维教学改革宣言[J]. 中国大学教学，2013（7）:7-10.